走出島國農業困境

焦鈞——著

國家圖書館出版品預行編目（CIP）資料

走出島國農業困境／焦鈞著. -- 初版. -- 高雄市
：巨流，2019.07
面；　公分
ISBN 978-957-732-578-5（平裝）

1. 農業政策 2. 兩岸交流 3. 文集

431.107　　108007429

走出島國農業困境

著　　者　焦鈞
責任編輯　林瑜璇
封面設計　Lucas

發 行 人　楊曉華
總 編 輯　蔡國彬

出　　版　巨流圖書股份有限公司
80252 高雄市苓雅區五福一路 57 號 2 樓之 2
電話：07-2265267
傳真：07-2264697
e-mail: chuliu@liwen.com.tw
網址：http://www.liwen.com.tw

編 輯 部　10045 臺北市中正區重慶南路一段 57 號 10 樓之 12
電話：02-29229075
傳真：02-29220464

郵撥帳號　01002323 巨流圖書股份有限公司
購書專線　07-2265267 轉 236

法律顧問　林廷隆律師
電話：02-29658212

出版登記證　局版台業字第 1045 號

ISBN 978-957-732-578-5（平裝）
初版一刷・2019 年 7 月
初版二刷・2019 年 9 月

定價：350 元

目錄

新農業　食品安全　農業科技與未來……060

菜價　臺北農產　產銷大問題……108

第二部 《水果政治學》續篇……175

推薦序

胡忠一（行政院農業委員會農糧署署長）

農業為立國根本，政府歷年推動之農業政策，不外乎在發展農業、建設農村、照顧農民與資源永續等幾個面向。臺灣四面環海，北回歸線橫貫東西，讓臺灣農業具備熱帶與亞熱帶氣候的生產條件，物產不僅豐饒且相當多元。但臺灣位處西太平洋邊陲地帶，地球板塊擠壓及造山運動仍相當頻繁，使得高山與丘陵地帶就佔了全島面積的三分之二以上，剩下的三分之一土地，除了要提供居民基本生活與居住所需外，在工商業發展、交通基礎建設、強化國防軍備、教育興辦及政府機關運作等各方面，均需大量的土地投入與開發，導致全臺實際可耕作面積僅約八十萬公頃左右，也大大限縮了臺灣農業生產的規模。

在有限耕地面積、糧食與國防安全、經濟持續成長等多重因素考量下，臺灣農業如何達到最適發展定位，著實考驗著農政部門的智慧。此外，全球性的農業資源匱乏、氣候急遽變遷與區域經貿協定等外部環境影響日益顯著，加上臺灣農業面臨農民高齡化、勞動力短缺、消費者重視食品安全等內部問題，值得大家思考與積極因應。

本書作者焦鈞先生，多年來積極關注於國內農業相關議題，藉由擔任記者、國會助理及任職農業相關機構等實際工作經驗，對臺灣農業發展、政策決策者的農業思維、普羅大眾如何看待農業等社會現象，進行一系列的評論與分析，思慮周密且見解獨具一格。全書除蒐羅作者歷年在農業各領域發表的重要專章及評論外，並將邇來各界關心的農產品外銷等議題，在書中「《水果政治學》續篇」加以精闢的剖析，值得讀者們再三地品味與深思。

綜覽書內各章節，相關論述與評析，也鉅細靡遺將近年國內農業面臨的課題與農政部門全力推動的新農業政策相關措施，藉由流暢的文筆及銳利之筆鋒，將問題癥結與省思逐一完整呈現出來，並提供適切的建議，足供國內農業發展的參考及借鏡，是值得一讀的好書。在此，我也深切企盼焦鈞先生能一秉熱愛臺灣農業的初衷，持續關心國內農業面臨的大小問題，並適時提供解決良方，做為政府農業施政的參考，讓島國農業永續發展。

推薦序：農業何止二三事

潘靜怡（《自由評論網》主編）

「農」是依賴土地與大自然產出的經濟生產型態，「業」是「產業」與「專業」，這是「農業」二字的說文解字，但「農業」的全貌，恐怕多數人是霧裡看花。

「農業水深」，在臺灣，沒有一個產業像農業一樣，內外部因素盤根錯節，拉扯著政策走向：環保、食安、氣候變遷、國際貿易、兩岸政治等，甚至一個產業還有多種立場針鋒相對。

臺灣在二〇〇二年加入WTO後，農業便成為產業的邊陲，再加上外部大環境的劇變，對農業衝擊甚鉅。雖然當時透過「農產品受進口損害救助基金」的運用，得以舒緩全球農產品貿易自由化所帶來的衝擊。然而，當救助基金透支完畢後，產業終究得面對全球化的激烈競爭，停滯不前的臺灣農業面對競爭，顯得左支右絀。這可從近年「菜土菜金」的循環、時不時便躍上媒體版面的崩盤與補貼、不分黨派的政治人物高喊農產品外銷的新聞可見一斑。而農業之所以在蔡英文政府上臺後成為媒體焦點，甚至是顯學，正是因為各界都已意識到臺灣農業改革迫在眉睫。

農業議題過去缺乏開大門、走大路的討論見諸媒體，《自由評論網》自開站之初便踏入這個農業水深不可測的領域，當時焦鈞大哥的《水果政治學》甫出版，他對國內水果產業在沾染兩岸政治後的錯綜糾葛，觀察獨到細膩，令人折服。二〇一六年在我力邀之下於《自由評論網》開設了「農業二三事」專欄。焦鈞大哥歷任媒體記者、政治幕僚，之後轉戰北農，這些經歷讓他能以最淺顯易懂的文字寫下貼近現實的農業景況。

三年來，專欄數萬字的累積，從農產品價格到通路開拓、從他山之石到政策針砭，面對農地的破碎、從農人口的老化、產銷結構僵化以及食安問題與食農教育等，焦大哥都提出了他獨到的剖析與見解，對照今日的農業景況，本書能夠付梓，做為專欄主編除了深感榮幸，內心感觸也特別深刻。

從不同路線的農業論述中，我們試圖為臺灣農業找到前進的方向，儘管這個過程風風雨雨，甚至充滿刀光劍影，但透過不同角度、不同立場的你來我往，我們看到了危機，卻也預見了轉機，雖然方向仍是未明，但透過文字拆解民眾對於農業不合時宜、過度浪漫的想像，也重新建立了農業做為產業的論述，這是好的開始。

在本書中，讀者未必能找到臺灣農業振衰起敝的解方，但要認識臺灣農業的現況，就不能少了這本《走出島國農業困境》的專書。

推薦序：重建全民生存基礎之公共大農業

曹偉豪（《人．耕．食共同體電子報》主編）

農業，有兩種觀念與發展路線，其一，農業只是關乎農民生計、農企業利益之產業，此係臺灣之主流，佔統治地位，長期為國、民兩黨所一致實行，不因政黨輪替而有異。

另一，農業是關乎全民（尤其是中下階級人民）生存基礎之首要公共產業，其不可或缺之公共性，至少包括了：

- 人民之糧食安全；
- 國家之糧食主權；

- 滯洪及蓄保地下水之生態安全；
- 鄉村經濟永續發展與城鄉均衡發展，此刻臺灣高唱入雲之「地方創生」，正是臺灣藍綠一致將農業去公共化，視為只關乎農民生計、農企業利益之資本主義私產業所必致之苦果。

人民之糧食安全，其實，就是人民吃飽肚子以維持生命此一最日常、最現實之物質需求，只能自給自足，方為最安全、無風險之保障，若依賴進口，全民之吃，操之於國外，不止糧食主權喪盡，當進口不穩定、受阻、中斷，食物價格必暴漲無度，食物囤積橫行，人心惶惶，無心工作，必劇創經濟發展與社會秩序，治安全面敗壞，盜賊四起，人權蕩然，宛如戰亂國家！

目前，臺灣綜合糧食自給率已跌破百分之三十，且繼續下挫，似無探底之勢，糧食安全之危，如在加護病房，但舉國朝野、民間卻無知、無感、無作為，更要命的是，臺灣正面臨臺灣海峽隔岸中共「武統」威脅，試想，倘中共採政治、外交、貿易、金援、作勢武嚇等手段，以迫臺灣食物進口量驟減、受阻、中斷，外敵與內亂交加，臺灣國防何防？國家安全與主權何存？

只關乎農民生計、農企業利益之農業觀及農業發展路線，農產品即資本主義商品，使農民只為賺錢而生產，使農企業只為利潤最大化而生產，既不知故而罔顧農業之各種公共性，是以，藍綠政權一致，競拼農商品外銷，犧牲人民糧食安全，淪亡國家糧食主權，鼓勵休耕廢耕，放任工業污染大面積農地，對必然頻頻發生之生產過剩及滯銷，束手無策！

只關乎農民生計、農企業利益之農業觀及農業發展路線，其本質，就是資本主義農業，故而，衡估農業之第一價值乃至唯一價值，產值而已，農業產值遠遠低於工業產值，所以，為增工業出口，藍綠政權一致鄙棄農業，力爭加入 GATT、WTO、多邊自由貿易協定如 TPP、推動簽署《雙邊自由貿易協定》，歡迎外國農商品排山倒海侵入，佔領臺灣市場，主宰臺灣人民之吃與生存之基礎！

也所以，農業用水必然讓位於工業用水，而有為六輕量身訂做之濁水溪集集攔河堰，也所以，農地必然讓位於工業用地，而激生反大埔抗爭，幾十年來，農地以迅猛之速度，被藍綠政權以開發各種名目工業區為名強徵而消失——滯洪及蓄保地下水之生態安全公共功能亦隨之消失，換來土地炒作與圈地，大量工業土地閒置與大量工廠違法佔用農地「共生同存」，最後，藍綠政黨一致立法為違法工廠解套，保障其就地合法。

焦鈞君之新著《走出島國農業困境》，旨在深度審省佔主流、統治地位，只關乎農民生計、農企業利益之農業觀及農業發展路線，並闡介宏論另類之農業觀及農業發展路線：農業是全民生存基礎之首要公共產業。

至盼，此書問世，激發公民改革力量，群策群力，共同重建臺灣公共大農業！

自序

距離二〇一五年年底第一本著作《水果政治學：兩岸農業交流十年回顧與展望》問世，轉眼已經三個多年頭過去。這三年從小英政府上臺的意氣風發，到二〇一八年年底地方選舉的慘敗，同時颳起「韓流」風，一路迄今不僅影響接下來的總統大選，也直接衝擊了兩岸關係的未來走向。農業這個高敏感領域，一直沒有在兩岸博奕中退場，農業一直是兩岸舞台上的焦點。

從《水果政治學》一書出版後，兩岸買辦不再是晦澀的用詞，水果政治學的高牆被推倒，兩岸農產品貿易一度恢復正常、常態性的往來；如今韓流颳起，政治性採購訂單再起，對臺灣農業會造成何等衝擊，這就不是三言兩語可以說得清楚的。

本人有幸從二〇一六年起在《自由時報自由評論網》開設「農業二三事」專欄，針對農業政策、農業時事與農業問題，提出針貶，累積超過十萬字的論述，以對小農體制的關心一以貫之，希望藉由各個專欄拋出的問題，讓更多社會大眾參與對農業的關心與討論。如今，這些評論（包括這段期間見諸其他媒體的評論文章或專題）全數收納在這本《走出島國農業困境》著作之中，雖是野人獻曝，但絕對出自對關心臺灣農業未來發展的一片赤誠。

當前許多農業問題就像溫水煮青蛙，農民並非無感，只是外在大環境的變化太過劇烈。不論是生產端的問題，還是銷售端的狀況，有太多需要重新爬梳整理，也非一篇文章專欄就能解釋與解決。在彙整近百篇的專欄文章中，刪除了其中三分之一，系統性地保留個人長期關注的幾個農業議題，包括農糧安全、農產運銷、農產品出口，最後，加入了「《水果政治學》的續篇」，為正在持續上演的政治性農產品採購訂單，用統計數據說話，做出定調。

拜臺大農經所碩專班師長、同學的鼓勵與協助，這本書方得以順利出版；友人曹偉豪與中正大學王少君教授，給了我很多跨領域的觀念與想法。二〇一八年年底的一場大病，自己從鬼門關走了一回，不僅差一點讓學業的學習中斷，也讓這本評論集差點無法付梓。

最後，感謝巨流圖書的志翰、瑜璇與如芷，您們在最短時間完成這本書的編輯與出版工作。再次謝謝這一路走來幫助我的友人，感謝您們！

引言

從糧食主權談起

報紙斗大標題寫著：解放軍遼寧號組成的航母艦隊通過宮古海峽，繞行臺灣東部外海，花蓮空軍基地F十六戰機緊急升空戒備。

這不是危言聳聽，也不是一九九六臺海危機的翻版，是中國軍力已經有能力突破第一島鏈；臺灣，這個號稱西太平洋不沉航空母艦，國家安全正面臨巨大威脅——「糧食安全」一個被兩千三百萬國人長期所忽視的議題。

翻開臺灣的經貿統計數據，遠的不說，這十年的黃豆、小麥、玉米，俗稱「黃小玉」的雜糧進口量，黃豆約兩百五十萬公噸、小麥約一百二十萬公噸、玉米約五百萬公噸，佔全臺使用量的九成五以上。

同樣的，以熱值換算臺灣的糧食自給率，已經下降到歷史新低的百分之三十一。農委會在二〇一六年末，提出了這樣的預警；也揭露了未來的政策調整方向，要以提高糧食自給率到百分之四十為目標。

這些不是冰冷冷的數據，是確確實實的臺灣國家安全問題。

鄰國菲律賓，遠在南半球的委內瑞拉，都曾因為糧食自給率問題，造成國家動盪。二〇〇八年，國際稻米價格在芝加哥期貨交易所，從一年前的十點零八美元／每百磅，漲到了二十點一七五美元／每百磅（每百磅約為四十五點三六公斤）。全球糧價飆升，嚴重威脅各國的糧食安全。菲律賓做為全球最大的糧食進口國之一，全國超過九千萬人每天要消耗三點三萬噸稻米；國際糧價在二〇〇八年的飆漲，讓菲律賓糧食儲量驟減，形成嚴重的「糧荒」。

糧荒，對臺灣而言，是個多麼遙不可及的話題。

二〇〇四年，委內瑞拉前總統查維茲將該國改造成以石油收入補貼一切的社會主義國家。一切物資由國家提供的結果，導致國內生產誘因不足，耕地荒廢、工廠關門，多數民生物資仰賴進口，並祭出「糧食等基本物資採固定價格」措施。多年之後，按經濟學供需理論，商品售價不能反映成本，物資也就愈來愈短缺。二〇一三年接任的總統馬杜羅被迫宣布限購，二〇一四年油價下跌為該國財政留下大洞，經濟狀況急轉直下，至二〇一八年惡性通膨恐飆升到百分之一百萬。經濟衰退，終於導致委內瑞拉人民吃不飽（饑荒），預估二〇一九年超過兩百三十萬人逃離至鄰國，避免饑荒挨餓。

再一次，「饑荒」這個名詞，同樣距離臺灣非常的遙遠。

上述菲律賓與委內瑞拉，或許也只是個「極端案例」。但，農業發展的根本，無非就是要維護一國的糧食主權，農業的存在，維繫了糧食安全，其重要性是其他產業所不能替代的。

臺灣這個寶島，因鮮少出現糧食作物欠收，要發生「三餐不濟」、「饑荒」，簡直是不可思議。但全球化下造成的貧富差距拉大、氣候變遷造成的耕地面積縮小，對多數臺灣民眾是個「遠在天邊」的課題。

根據聯合國糧農組織（FAO）的統計，貧窮線下的全球人口長期處於饑荒的狀態已逼近八億人，佔全球人口比例超過百分之十。十分之一的饑荒人口，這些數字，看似不會在臺灣發生，民眾也對此無感。

臺灣，因地緣政治上的優勢，上個世紀冷戰期間有「美國老大哥」撐著，美援年代「帶動」了臺灣糧食生產的「效率化」。更重要的是臺灣農業，農民的稻作支撐了這個島嶼上的基本熱量供應，讓二戰結束人口不過六百萬激增迄今兩千三百多萬人，成長近四倍的人口卻未曾如同一時期其他國家發生饑荒致死的問題。

但多數國人卻忘了，美援的代價、生產效率化的背後，使得臺灣農業結構發生重大變革：一方面土地的高度使用——因此農民被迫轉要用化肥為習慣，一方面輸入大量的小麥、黃豆和玉米——同一時間，國人飲食習慣的改變，稻作生

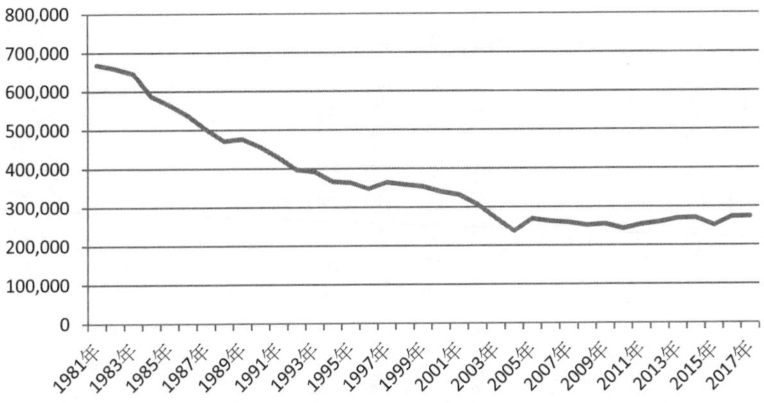

圖表一：臺灣稻米生產面積統計（一九八一年～二〇一七年）（單位：公頃）

資料來源：農委會農糧署農情報告資源網。

產面積逐年遞減，從一九八〇年代的全臺六十多萬公頃，到一九九〇年代下降到四十多萬公頃，到如今腰斬不到二十八萬公頃。

稻米生產過剩的迷思

臺灣糧食自給率，有一大部分的失真是來自於「國人長期被潛移默化地改變了以稻米為主食的飲食習慣」，在需求面出現巨大改變的情況下，供給面並沒有跟上改變的腳步（對多數農民也很難改變種植水稻的耕作習性）。在臺灣以小麥麵食為主的比重逐年上升，臺灣等同棄守了以稻米為主食的生活型態，自然形成了依賴以美國進口小麥的生活飲食文化——當中，還包括大豆、玉米的大量進口。

島嶼上的子民在冷戰結束之後即不再關注「糧食安全」，也因為年輕一代不曾有過饑荒恐懼，從米食轉變為麵食的飲食習慣改變，怎麼看都是「美國老大哥」幕後一手導演。年輕人自我放棄米食選擇美式速食文化，是國際現實壓力與美國強勢文化輸出下的產物。

如今的臺灣，米食文化已被改變，稻米生產過剩也就成為每一位農政首長，內心深處最沉重的包袱。

一個國家的文化深層結構面——包括最重要的飲食文化被改變，就米食的被取代這一層次，其潛藏著更深層的農業問題：臺灣社會整體必須去承擔「農業生產結構被扭曲」的代價，稻米生產過剩就是這個結構被扭曲下的結果。整個社會付出每年數十億元去補助稻米生產，如果因此能建立糧食主權的全民意識，這樣的付出代價其實是很低廉的。

糧食主權、糧食安全與糧食人權

一個談不上糧食安全的國家，或者說，根本不在乎糧食安全的國家——如果糧食自給率偏低，當然就無糧食安全可言——如何奢言糧食主權？沒有糧食主權，如何在對外經貿談判上，與其他國家大聲說話？

臺灣之於美國，不就是因為「黃、小、玉」仰賴進口——被緊緊掐住，不僅人要吃，吃得更多的是豬、雞的畜牧產業。多數民眾不清楚的是，臺灣五百多萬頭豬，和兩億多隻的雞，吃的大都是美國進口的玉米。

一種假設的情境，如果臺灣被解放軍船艦封鎖，美日同盟又無法在第一時間馳援，屆時臺灣人只能吃庫存的稻米和自產的蔬果。在封鎖一段時間之後，國人重要蛋白質來源的豬、雞，將可能面臨無飼料可吃的窘境。當然，不用敵國的軍事封鎖，如果美國老大哥，特別是川普上臺之後的重商主義掛帥之下，以對等開放為由要求臺灣大開經貿之門——只因為我們的糧食安全被緊緊掐住——不買瘦肉精美豬，就不賣黃、小、玉，一句話就足以讓臺灣的糧食主權破功。

這些，雖都是假設性狀況，但不能因為發生機率甚低，就不去重視它。美國農業部二〇一九年四月組團來臺，已見端倪。

因為，臺灣早已淡忘何謂戰亂引發的饑荒，島嶼上只剩下極少數人去認真思考糧食主權與糧食安全的議題（一九四七年的二二八事件，不就是肇因於國府為了應付「國共內戰」的龐大軍需，將島內的物資一波波地送往中國內地，引發通貨膨脹、大量民眾失業，經濟巨幅倒退，終至民不聊生。民不聊生！不過就是「人民吃不飽」的委婉說詞嘛！）。臺灣，當然有嚴重的貧富不均問題，社會底層，當然也有外界不易探知的「三餐不濟」問題。只是這些距離「饑荒」仍很遙遠，也是糧食安全意識難以建立的重要原因。

讓人民吃得飽、吃得好，這就是糧食人權的議題。社會是否實踐公平正義的分配，所謂不患寡、患不均。臺灣當然沒有立即的糧食安全問題，但糧食人權卻仍有改善空間。食物浪費與街頭遊民兩個極端，都不是一個正常社會該有的現象。糧食人權做為社會最底層的安全網，絕對不該被忽視。

糧食人權，不過是糧食分配正義的展現。在臺灣這樣的一個「小農生產體系」的國度，糧食生產與銷售，小農必須與大糧商共存；政府透過政策的改變，讓小農生產的糧食作物在市場上有更多的競爭力，其實就是提供消費者有更多的市場選擇。更深層一點來看，就是讓民眾不僅吃得飽，更要能吃得好；這同樣也是糧食人權具體而為在市場的展現，無形中透過拉近生產者與消費者之間的距離，整個社會方能從農民辛勞的糧食生產過程中昇華得出糧食主權、糧食安全與糧食人權的集體意識。

在嘉義靠海的東石鄉，繼承父親的「返鄉二代青農」，組織了東石雜糧生產合作社，以契作、收購國產花生，釀製百分百的純國產花生油，打響了名號。在十二月的暖冬，合作社理事主席余兆豐指著一袋袋的花生說：二〇一六年的生產時序大亂、氣候又特別的異常，花生的品質比起往年差別很大。

走到電腦選花生機前面，一顆顆經過電腦篩選過的花生，可以看出今年的果仁大小比起往年，就比例上來說，確實小粒的偏多。扣除了氣候這種不可控的自然因素之外，農地生產面積以及農村人力結構的老化，才是余兆豐更擔心的事。

因為堅持使用百分百的國產花生，也因為政府迄今仍對花生採取配額管制進口，所以余兆豐的家族，從他爺爺那一代開始，就往北向雲林幾個主要的花生產區收購花生，加工釀造花生油；到了第三代的他，更專注於加工場品質的控制，申請食安認證已經是基本，至今未婚的他耗費所有時間，努力在這個傳統產業轉型為觀光工廠。

畢竟，在靠海的東石，是沒有多少年輕人願意留在家鄉的，像余兆豐這樣留在嘉義故鄉的年輕人，他們組成了精緻農業協會，彼此互通訊息、交流市場銷售情報。他們充滿了熱忱，但也很清楚知道，如果沒有賺錢、沒有成家立業、沒有辦法繼承家業並發揚光大，再多的熱忱終有燒盡的一天。

余兆豐說，他們自創品牌的產品，已經成功的賣到高鐵列車伴手禮，成為嘉義地方名產。但，他所擔心的，是沒有穩定的供貨來源，讓他們的祖傳品牌能繼續堅持古法釀造臺灣在地花生油，這也是臺灣農業發展的困境。

像余兆豐這樣的年輕人，當然很清楚糧食安全是什麼，更知道政府啟動大糧倉計畫之後，如果能夠帶動雜糧作物的生產面積提升，藉此穩定他的花生供應，絕對會是正面的。但，他心中的疑慮，依舊沒有消除！

問題就出在執行面。在沒有啟動大糧倉計畫之前，農政單位已經對二期作休耕補助，黃、小、玉每公頃四萬五千元，但花生不在補助項目之中，原因就是花生是被關稅保護的農作物。同樣的，這些補助雜糧作物所生產出的黃、小、玉，多數也因為「只看種植面積數量不看生產品質質量」，對行政官僚體系，就是一個最終統計數據。只要達到了生產面積的要求，就等於政策達標。

這種補貼政策，源自於最簡單的線性思維，認為照顧農民的最直接手段就是把白花花的鈔票給農民——這，不過又是臺灣選舉制度下造成農業生產結構的再一次的被扭曲。

糧食自給率的提升，不該只是政策口號。糧食安全議題，必須被落實、滲透到每個人的生活意識之中。

社會當中自有另一種聲音，認為計算糧食自給率是一個落伍的觀念，甚至是對戰爭恐懼的過度反應。如果將臺灣的糧食作物進口數量，換算為畜牧業的熱量來源，臺灣的糧食安全問題只會更大。固然戰爭的陰影距離我們十分遙遠，現在戰爭型態也可能就在短短數週結束，但一個負責任的政府，仍需對於提供穩定充足且安全的食物供給為其基本要務。

關於農業的二三事

農業問題當然不只糧食問題，舉凡從制高點的農業政策、農地、農業缺工問題，到面對市場與消費者的農產品運銷體系、食品安全，都是農業所該關注與討論的議題。二〇一八年年底的地方選舉，執政的民進黨遭遇前所未見的潰敗，特別是農業縣市的選票流失，更成為外界高度檢討的課題。

回顧這三年多的新政府新農業政策，確實有許多該檢討之處，但也有值得稱許的進步。以下的章節，就是綜整了過去這三年對農業時政的評析，以貼近庶民的語言，不以深奧的學理來向社會大眾進行理性的溝通對話。透過這樣的對話過程，讓社會大眾對農業課題有不同的思考角度，也能從中真正關心臺灣農業的未來。

當然，這三年所謂的農業「問題」，對執政當局最傷的，莫過於「農產品價格起伏」：價格低迷、農民受損；價格高漲、民怨四起。因此，本書有很大篇幅討論農產品價格的形成問題、農產品運銷體是怎麼回事，以及農產品價格與農產品外銷出口的關係。另一個為大眾所關心的食品安全問題，也在新政府上臺之後更加正視源頭管理而降低不少；但農業生產過程的安全用藥、是否全面推行有機農業的辯證，則有賴更多的社會對話與溝通。

本書最後仍會回到《水果政治學》一書所要探討的兩岸政治性因素對國內農業產業的影響，特別是二〇一四年太陽花學運之後馬政府與對岸的服貿、貨貿磋談中止，中國對臺是否繼續採行「政策性採購」——特別是新任高雄市市長韓國瑜颳起的水果農產品外銷——其背後的鑿斧痕跡，也會透過統計數據的分析來呈現事實真相。事實證明，農產品市場銷售，一如其他市場商品一樣，還是要回歸「產品面」的特性，任何過多的政治想像，只會削足適履，對農業生產體系有百害無一利。

當世界各國都在探討「農業4.0」的時候，臺灣自不能置身事外；農業生產與科技的跨領域整合，臺灣已經啟動，但比起農業先進國家仍有很大的不足，這部分也是很重要但卻被嚴重忽略的農業課題。但臺灣的小農生產體系與農業4.0之間的「介面整合」顯然還有很大的問題，全盤移植國外的經營模式，並不能代表順利適應臺灣的生產環境，畢竟臺灣的農業結構面，仍有很大一部分的調整並未跟上腳步，要如何加快腳步以因應氣候變遷對農業生產的挑戰，相信會是未來農政部門的重點工作。

關於農業的二三事，不僅僅只是瑣碎小事，如果能幫助讀者建立起對農業的「系統性認識」，並走出島國農業困境，才是本書的真正目的。

第一部
農業二三事

全球化小農體系農業政策

從川普當選談起

保守主義的蝴蝶效應

兼顧理想與現實的小農主義倡議

農民團體合作社化之探究：生產利益共享化之可行性

小農　青農　農民團體之辯證

將農業的定義與產值做大：農業是核心，不是邊陲

重農主義：兼談農地與農舍問題

看見臺灣——看見了臺灣農業什麼問題

活化農村經濟的深層思考

看見臺灣農業新希望

從川普當選談起

川普二〇一六年當選美國總統，率先對「泛太平洋戰略經濟夥伴協議（TPP）」開炮，表明上任第一件事就是退出TPP。日本安倍政府藉加入TPP改變日本農業的做法，對臺灣農業有很強的啟發性，但後續美國築起貿易保護主義高牆、美日安保同盟的續存，已引發一連串蝴蝶效應。

川普行事風格的不確定性，對比中國領導人習近平在二〇一七年祕魯APEC峰會上對全球貿易戰略格局的發言，大力推展一帶一路、亞投行、RCEP，甚至FTAAP，無非就是對著TPP。對臺灣當下的挑戰是，這些由中國發起的雙邊或多邊經貿組織或協議，臺灣迄今仍無緣加入。原本寄望能加入由美、日主導的TPP，避開中國在亞太區域的強勢磁吸，如今只能加快進行由日本、澳洲重起爐灶的CPTPP。

從日本安倍政府力主加入TPP（到現在的CPTPP）開始，日本農民團隊的抗爭就一日沒有停過。面對市場高開放規格的貿易協定，可以看得到日本政府在保護其農業「五大聖域」：稻米、小麥、畜禽、乳製品、砂糖的努力。面對日本加入 TPP 對其本國農業的衝擊，安倍經濟學「三支箭」套用在市場開放的策略因應，就是「農業走出去」的策略。深究其戰略模式，從上個世紀八〇年代起日本政府為維護國家農糧安全所展開的全球海外生產基地布局開始，已為安倍的農業戰略奠下基礎。

地狹人稠的日本，發展出「強勢農業」將日本農產品帶入國際，是農民、農民團體、民間企業與政府的四方努力所促成。

臺灣在這一波後全球化的浪潮中，既要面對中國「紅色供應鏈」崛起的市場競爭壓力，也得同時找出不過度依賴中國市場的風險分散策略，原本就不是一件容易的事。特別是弱勢產業的農業，原本有機會在面對 TPP 的加入，成為外部壓力與刺激，迫使內部進行產業結構調整，讓農業在這樣一個結構變革下進行體質換血。如今，美國選出了一個崇尚保護主義的總統，這樣的全球經貿布局勢必得被迫打掉重練。

關心農業者可以回到一個最原始點，也是農業問題的根本：農糧自主與安全。即使TPP由日本接手為CPTPP，但在少了美國加入大幅走味的情況下，再加上中國主導的RECP或是FTAAP，也非短期可達成協議與共識之際，國際經貿情勢混沌不明，正是整軍練兵調整體質的大好時機：**窮盡一切手段鼓勵青年返鄉耕作，做為農業改變的火車頭**。

從提升農糧自給率開始，縱向結構，向上搭配農業技術改良，向下有產銷通路結構的改造；橫向結構，重新思考國土規劃，並把農業從一級產業向外擴延，分散都市人口過度集中的壓力。這些，都需要更長遠的戰略眼光與布局，也需要時間的積累方致成效。

畢竟，農業生產結構與工業產品不同，農業先天上就是一個生產條件被限制的產業，必須要有更多計畫性生產思維的導入，不能單純套用自由主義市場經濟模型。這也是呼應並回歸農業本質問題在於國家安全的糧食主權層面。

臺灣農業當前的問題之一是農村缺工，但往深層結構看，農業問題卻是收入偏低的現實問題。在美國決定退出全球貿易枷鎖的時機，進行臺灣社會與農村的對話，站在國家糧食安全自主的國安層面，重新歸零思考檢視；站在轉型升級十字路口的臺灣農業，到底是該繼續追尋自由主義經濟法則？還是認清自我體質回到以小農生產體系的政策主張？

亞熱帶寶島臺灣的農業優勢，並未完全喪失。雖然東南亞國家已大幅邁進，中國也急起直追，但臺灣做為歐、美、日等國與東南亞國家，甚至中國市場之間的重要介面，臺灣所擁有的不僅僅是地理優勢，更應發揮產業鏈的整合，將散落在臺灣各個角落的農業領先技術，透過產、官、學包裹成一個複合體，穩住國內農產品市場的產銷秩序，回到競爭力本位思考供應端與消費端的並進，方能面對接下來充滿變數又錯縱複雜的國際與亞太經貿情勢。

保守主義的蝴蝶效應

川普就任不到一個禮拜就頒布了暫時禁止七個穆斯林國家公民與敘利亞難民入境的行政命令，以及國務院難民安置計畫將暫停實施一百二十天。禁令頒布後幾天，聯合國難民署就指出原計畫移居美國的索馬利亞兩萬多名難民，將被迫滯留在肯亞——其中有一萬四千多名生活在世界上最大的難民營——達達布難民營，該難民營位於肯亞東部與索馬利亞的交界地區。

無獨有偶，川普和澳大利亞總理通電話時，也痛批前朝與澳洲政府簽訂的難民收容計畫。回到問題的根本，已經不是單純的「川普式保護主義」，更非所謂的「重商主義的川普」可言之。站在地球公民的角度，面對氣候變遷下的全球糧食生產、分配與攝取的不均衡，川普「以為美國利益至上」的為政之道，對極度仰賴天然資源與雜糧作物進口的臺灣，絕不能等閒視之。

保護主義的川普，其實更擔心的是自身國力的衰退，根本忘卻美國過往長期地我主意識的全球資源掠奪。如今打得火熱的美中貿易戰，何嘗不是如此！

如今，非洲大陸與第三世界國家的饑荒，其背後根本原因就是**美國跨國企業對第三世界國家的資源掠奪**：以補貼糧食作物出口到上述國家，導致該進口國家的小農無力耕作、或放棄土地、或遭跨國企業併購，被迫往都市集中形成一個個的貧民窟，加上戰亂轉之成為難民。

更不要說，在芝加哥的全球期貨交易所，把全球糧食價格給飆高；或是，為了發展所謂的生質能源（或者該稱之為「農業燃料」），掠奪了南美洲肥沃土地種植玉米生產酒精，導致原本的小農被迫離農。

從川普打著反恐名義的入境禁令，其效應立即顯現在非洲之角——索馬利亞難民的悲劇加劇，難能夠擔保川普的下一個政令其所產生的蝴蝶效應，會引起地球的哪個角落的震盪？

國人或許對於非洲之角的饑荒沒有太深刻的印象。根據聯合國糧農組織的「饑荒早期預警系統網絡」報告指出，將近二十六萬多索馬利亞人死於發生在二〇一〇年至二〇一二年間的大饑荒，在這二十六萬人中，有一半的死亡者是五歲以下的小孩。二〇一六年的報告指出，「整個非洲之角，人們正在挨餓。衝突、糧食價格昂貴以及旱災等災禍，造成一千一百多萬人處於極度貧困中。幾個月來，聯合國一直發出警告。我們原先不想用『饑荒』這個詞，但是，我們已承認這個急轉直下的現實。索馬利亞部分地區的確存在饑荒，而且正在蔓延」。

做為世界強權的美國，一紙入境禁令，讓身陷苦難的索馬利亞難民，只能繼續身陷無助。但，糧食安全問題，才是此問題背後的癥結。

臺灣固然是寶島，但高度依賴美國進口黃豆、玉米、小麥的現實下，除非國人短期間改變飲食習慣，否則將近百分之九十五高度依賴，只會讓臺灣陷入「川普式」的蝴蝶效應衝擊。臺灣幾乎不可能出現饑荒，也看不到第三世界國家的大型貧民窟，距離難民議題更是遙遠，但我們仍須認真檢討看待，臺灣之於全球糧食流動體系中的角色與位置。

唯有高度體認我們是一個仰賴「糧食進口」的國家，才能讓我們身處地球村的角色「被銜接」，也才能透過更多對國際事務的關注，認清自己國家在糧食安全議題上的艱困處境。千萬不可小看「狂人川普」，還會使出什麼手段，干擾全球秩序所引發對糧食安全的震盪。

兼顧理想與現實的小農主義倡議

蔡總統指出，臺灣糧食自給率偏低，原因是臺灣生產了許多稻米卻進口許多雜糧，臺灣農業種植比例必須調整，農委會鼓勵農夫種雜糧，其中以有機、無毒、在地的最好，因為臺灣屬小農制國家，農業生產成本較高，若要戰勝其他大國，就必須要有自己的特色。

蔡總統個人是支持小農制度的，她認為農業小農制是維持社會穩定、所得分配平均的最好方式，但前提是必須讓小農生產符合經濟效益、小農所得必須跟一般非農業所得是一樣或更高。

蔡總統表示，如果臺灣農業生產走向大規模，「那不是臺灣人要的農業生產模式」，小農存在非常重要，農委會必須有一套完整措施讓小農可以在市場上展現自己與大宗生產的不同，擁有個人故事及食材特色，可以讓小農食材更有故事性、價值更高。

這是總統蔡英文首次公開闡述她對臺灣農業未來發展的完整說法。濃縮這三段論述，我們可以歸納為「有產品特色的小農制」、「符合經濟效益的小農制」。臺灣農業的重心，必須建立農產品的市場差異性，與農業生產的特色化。最重要的是，總統將臺灣的小農體制，拉高到農業戰略發展的高度。

小農制的意涵是什麼？已成為一個值得深入探究的議題！在學理與實務之間，小農體制在臺灣，如何找到有特色的發展道路，顯已成為顯學。臺灣走向小農體制，總統也已定調，並強調這是維持社會穩定、所得分配的最好方式。也就是說，這是一個回到以「農民為本」的農業發展戰略，並連結到整個社會生產力與生產模式的重組。

小農體制的臺灣，必須把農業放在社會生產力的核心位置；農業被賦予的意義，也不再只是農業生產與銷售這麼一個線性結構。以農民為核心出發，農業生產模式要藉由特色化生產達到產品的差異化；小農制的成敗，建立在農產品市場競爭力提升的實踐。這個責任，總統說得很清楚，農委會責無旁貸！

農民，特別是小農，做為農業結構中的原子化個體，必須透過組織化、農企業化的進程，從產銷班、合作社或農會的組織型態，讓小農成為「小農群體」，小農也才能夠成為一種「體制」。個別小農面對市場競爭，得面臨結構上的挑戰，與進口農產品的競爭，個別小農的單打獨鬥也絕對比不上合作生產的群體力量展現。

◌ 對小農體制實踐的幾點倡議

首先，以合作化的組織運作型態，全面取代當下多數的「市場化小農」，同時強化「食物供需共同體」的建構，也就是「生產—運輸—行銷」的三位一體。根本做法，就是全面扶植與支持「農業生產合作化」。

其次，要從立法著手，讓學校團膳、部隊伙食、公部門員工餐廳與委外經營之餐廳、醫院供膳單位，其食材採購必須符合農業生產合作社者為優先，並明訂逐年採購比例。

此外，於全臺各農業專區，成立農業合作社學堂，持續培訓農業合作化所需之組織工作者與社務人員，並輔導結業者至既有合作社場任職，依合作組織之七大原則：自願與公開的社員制、社員的民主管理、社員的經濟參與、自治與自立、教育訓練與宣導、社間合作、關懷社區社會進行改造。

農民與農民組織（合作社）之間，不再是一種疏離關係。把「原子化小農」團結成為組織運作型態，依合作組織運作之七大原則，進一步落實農業生產的自主性，方能引導小農制走向成功路徑。

同時，既有農業合作社場若於限期內未通過以七大原則為核心指標之合作社評鑑，不得申請任何政府補助及承攬政府委辦事項，及參與上述食材採購。最後，補助農業合作社學堂結業之人才，對其組織農民成立合作社給予開辦費用之補助；通過評鑑之農業合作社，補助合作社一名之專職社務人員人事費用。

過去臺灣曾有最佳典範，就是以外銷香蕉至日本為主的「保證責任臺灣省青果運銷合作社（簡稱「青果社」）」，在臺灣香蕉出口日本的黃金十年（一九六〇～一九六九），著實為當時的臺灣蕉農帶來豐厚的收益，賺取大量的外匯，不僅扶持工業的發展，更回饋社會興建了大批的眷村、國宅與國父紀念館的興建費用。甚至，今日紐西蘭奇異果公司的前身，也都是以青果社的成功經驗為師。

這段歷史，足見臺灣小農體制在農業生產合作化的建構之下，放在今日仍是一條可行的道路。

回歸國民生計的高度

綜觀農業生產合作化，還必須拉高到中華民國《憲法》第十三章基本國策，其第四節國民經濟中第一四五條的規定：「國家對於私人財富及私營事業，認為有妨害國計民生之平衡發展者，應以法律限制之」、「合作事業應受國家之獎勵與扶助」、「國民生產事業及對外貿易，應受國家之獎勵、指導及保護」。

遽此條文，國家獎勵扶助合作事業是《憲法》規範之基本國策，且合作事業構成國民經濟之基本部分。扶助合作事業，是為了抑制私人財富與私營事業與國計民生之平衡發展。這一點，正與蔡總統所宣示的主張，小農制對於維持社會穩定、所得分配平均，是相通的。

小農制，對某些農業工作者，是一種信仰價值。主張以有機、無毒、友善的生產型態，是可以理解的，站在國土永續發展的立場，也是值得支持的。同樣的，在國人生活飲食習慣改變的情況下，恢復過去「五穀雜糧」的生物多樣性種植型態，也是必要的。這不僅僅是降低對國外進口雜糧之過度依賴，更有提升糧食自給率、國土保安的重要意義。

從小農制的理想到實踐，絕對是一條艱辛而漫長的道路。唯有更多社會群體的關注，方能真正實踐總統口中的小農制藍圖。

農民團體合作社化之探究：生產利益共享化之可行性

小英政府的首任農委會主委曹啟鴻在就職當天，便在農委會官網貼出了新政府對農業未來的大戰略，在此脈絡下，最值得深入探究的就是「農民團體」的功能，能否跟上此戰略的改革步調？改革轉型成敗，有必要從「農民團體合作社化」的辯證開始，往下的幾個重大農業措施的推動，方能啟事半功倍之效。

◌ 農村發展的要素：回到以農民為主體

關心臺灣農業未來的人，不可能逃避貿易自由化、全球化，以及當跨國資本企業進入本國之後對小農所造成的衝擊。新政府揭露的政策高度，不能讓農業、農民成為邊陲，如何在自由化與農業保護當中，找到適切的平衡？

臺灣農業問題首當其衝的是農村結構的人口老化（勞動生產力不足）。與多數國家相同的是，如何吸引更多的青年農民返鄉，活化農地使用，提升農村經濟，引進全新的耕作技術，進一步達到生態永續的終極目的？因此，除了土地的誘因之外，串接這些農業改革進成的就是「農民團體」。如何建構一個以農民為主體的進步體系，並藉農作生產過程中的集體化、合作化機制運作，讓務農風險降到最低、讓農業生產利益得以更合理分配，方能啟動後續一連串的改革。

農民團體以「農民為主體」為核心價值，農民團體更應扮演與政府行政體系的「轉轍器」，一方面要主動為「農民的集體利益」爭取，另一方面要在政府政策制定過程中，扮演訊息蒐集與反饋的角色，讓政府政策制定更符合實際運作。

不過，上述這兩大功能，在臺灣當前的農民團體中，能找到「典範運作」的少，多數農民團體往往走不出「為政治服務」的枷鎖。

一言以蔽之，就是農民團體（農會與農業生產運銷合作社）的原始職能應該是「合作化（cooperation）」，但現實卻恰恰相反。

◎農民團體的改革：回歸合作化精神的原點

重新執政的民進黨，在二〇一六年將「農民團體三法修正案」重新搬上檯面，並以公聽會的討論形式，廣邀各界專家代表，凝聚社會共識，希望將《農會法》、《漁會法》、《農田水利會組織規程》的修法工作，畢其功於一役（最終只通過了《農田水利會組織規程》）。除了這三法之外，若能一併思考「農業合作社」的專法立法，整個農民團體的改革將會更臻完備。

以農政單位大力推動的稻穀公糧保價收購制度為例，農會體系目前扮演約六成收購量的角色，如何進一步借助這樣的系統，達到輔導農民轉向雙軌制，並同時兼顧糧食自主安全的目標，農會的角色自不可忽視。尤其是換軌過程中，如何讓「綠色對地」直接補貼的稻農，在集體化、合作化的運作下，達到生產成本最小化、生產效益最大化，從共同採購、共同耕作到共創品牌，切入分眾市場與國外進口稻米競爭，日本的成功經驗告訴我們，其中梗概就在於農民組織積極輔導，農會領導人的思維，是為成敗關鍵。

這也是主張農會改革的核心價值：農民團體必須回到以農民為主體的思維。

至於專法《農業合作社法》草案的研擬與出台，對執政者，其實也是因應貿易自由化的一大利器。統一經營之生產合作化，才能不斷降低生產成本，提高產量、抗災害能力及品質，增強市場競爭力，免除盤商剝削，建立直銷網絡。最終與食農教育、友善環境相結合，讓農業徹底擺脫弱勢產業的惡性循環，又能兼顧小農體制下的必要保護措施的條件最低化，不致違背加入**CPTPP**之後可能面臨的各種高門檻條件。

初期做法，則可選定「實踐典範」，由中央直接下達實驗專案之補助，招募組訓「青農合作化」之綠色生產，與當地建立產銷供應鏈，特別是強調地產地銷的學校營養早午餐之安全生鮮食材；同步利用這些實驗合作社場，又可成為學童食農教育基地，甚至發展農村深度旅遊，將閒置農村房舍改造成民宿與百分之百在地食材綠色創意料理餐廳，達到農村產業樣貌多樣化，達成「農業產業化」的終極目標。

為宣傳這樣的利基，藉由公共電視臺之公用頻道，製播「青農故事」，或集結成功案例出書；以一種「由下而上」的民主運作，票選優秀青農獎，打破現行農民與農民團體間的「巨大疏離感」，達成「全民農業」的戰略目標。

小農 青農 農民團體之辯證

農業，與民眾日常生活黏著度愈來愈高。以小農耕作為基礎的臺灣農業，在政府鼓勵青農返鄉的政策引領下，對「傳統農民團體」的組織改革，則已到了刻不容緩的時刻！

何謂傳統的農民團體？最老字號的莫過於「農會系統」。這個源自日本統治臺灣時期所建構的農會體系，迄今已逾百年歷史；演變迄今，在法令位階上，有《農會法》為其母法之保障，除法令規範之功能，還承擔絕大部分農政單位對基層農民的第一線服務工作。

農會體系，就現實運作層面，自有其不可撼動與取代性。另一系統則是近年來興起，依據《合作社法》所成立的「與農業相關的各類型產銷、生產合作社」，走訪臺灣農間鄉野，隨處可見懸掛蔬果生產、產銷、畜牧、花卉等合作社場，招牌林立。換個說法，這就是所謂的「農企業」，特別在農產品的產銷領域與專業，有逐漸凌駕農會系統之上。

就返鄉青農，有部分會隨著父執系加入農會體系，或是，就此承接父親所創辦合作社經營。有另一批青農認為，加入「體系內運作」，是否有違初衷？特別是，農會體系在某些人的刻板印象仍背負著「政黨外圍」的包袱！某些農會已脫胎換骨，其所聘任總幹事多為專業人士，意圖將所屬農會導入更多的「社會企業責任」、或「企業化經營管理」理念，貼近法令所規範的「農會總幹事為專業經理人」的方向邁進，吸引更多返鄉青農的認同。

不論農會、合作社哪一種型態的農民團體，其組織成立的核心目的就是以「服務農民」為宗旨，就算是自負盈虧，也只能向所屬農會、社員，收取所謂的「服務費」、「管理費」。在不能以營利為目的的大框架下，確實衍生出一個命題：小農、青農，其與農民團體「人與組織」之辯證關係。

《農會法》在過去兩次的政黨輪替中，成為藍、綠兩大政黨的「重大法案」，不惜透過「黨團甲動」，來進行所謂的法案護航。過去扁、馬十六年，其爭議焦點圍繞在「總幹事資格與任期」，朝野角色互換，法令也隨之更迭。

問題核心在於，思考農會總幹事之資格、聘任、任期等「技術性問題」之前，仍須嚴肅地面對與回答：農會存在於當前臺灣社會的功能與角色，到底是什麼？用最嚴格的法律、社會觀感，農會基本上就是政府公權力的延伸，農會之所以存在，不在於它的「歷史存續意義」，而是面對臺灣未來農業發展所將面臨的困境，農會可以發揮其「時代使命」為何！

將時空抽離到日本。筆者在二〇一一年走訪北海道，見其所有農會成員，西裝領口一律別上「**TPP-NO**」的標章，不論到訪者是否理解 **TPP** 真實意涵為何，在此已說明日本農協（**JA**）有積極的國際意識，更透過集體意志的表達，讓日本執政當局對日本農業的存續與 **TPP** 加入與否，施加最大的民意壓力。

反觀臺灣的最大農民團體：農會體系，在這個這麼重要的議題的角色何在？是「組織」起來和政府部門做好「相對應的措施」？或選擇反對到底的策略？或選擇積極協助政府部門，讓農業轉型升級以因應不確定之挑戰？

回顧這段歷史過程，出現了集體沉默。

臺灣農業的主體，其代名詞叫做「小農」。小農，不以年齡為判斷，是以「生產力」為基準。面對未來貿易自由化開放壓力下，以小農為基準的臺灣農業，其總體生產力自然無法與「農業大國」相抗衡，最後受傷最重的是最底層的「每一位小農」。

辯證在於，每一位小農遭受此衝擊，他們的上級組織——農會體系，安在哉？啟動農民團體的改革，此刻不做，明天就後悔！

政黨中的進步力量與思維，意圖透過法令面的修改，讓農民團體更能朝向「民主決策機制」、更能「擺脫派系制肘」的大方向邁進，以更高位階的法令面保障，讓農民團體真正成為一個以農民為主的自治團體，不再是政黨的附庸，卻遭遇到反進步聲浪的阻撓。對此，社會給予的關注太低，相關的論述也太薄弱，修法攻防陷入「權力迷思與陷阱」遭反噬。

臺灣政治氛圍仍無法擺脫「一切為選舉」的思維領導，幾次的政黨輪替，也證明了臺灣社會尚未成為一個成熟的民主國度。農民團體之改革倡議只是小小的試金石，卻也是考驗執政者極其改革決心的重要指標。

將農業的定義與產值做大：農業是核心，不是邊陲

日本商社強力向臺灣推銷他們的品種、設施與農業技術，在臺灣並不是什麼新鮮事。當然，日本更看重的是臺日雙邊在農業基礎上的相似性，以及臺灣農業未來發展的潛力。外界思考臺灣農業前景時，可以朝向一個更寬闊的思維，不僅不可將農業視為夕陽產業，反過來得將農業視為國家未來的核心產業，從一個更多面向的角度，去豐富農業產業的定義，方能將農業的產值，從現在的 GDP 佔個位數佔比，向上提升。

仍不能免俗要回溯臺灣從戰後迄今的農業發展史。若不以過去的「官方制式說法」為基準，採農運作家吳音寧所著《江湖在哪裡？》一書所做的大歷史切面來看，戰後臺灣接受美元開始的那一刻，就注定臺灣農業發展的軸線，受制「美國帝國主義」的箝制。同樣的，戰前臺灣的日本殖民時期，臺灣農業發展又是另一種面貌，但幾無疑義的是，當時臺灣的糖、

樟腦油、茶葉、檜木等因供應殖民母國或建設、或戰爭所需，為此奠定臺灣農業基礎的脈絡，清晰可見。

將歷史軸線拉回戰後快轉，我們同樣可以清晰地看到臺灣從一個「米食社會」進入「麵食社會」，臺灣農業也從產業核心，逐漸邊陲化。

歷史是一面明鏡。戰後國民黨政府因應國際情勢，美援進入臺灣，美國除了在軍事物資的實質提供之外，更重要的是美國大型農企業，將化學肥料、小麥飲食文化滲透進入臺灣社會肌理之中；同一歷史軸線中，臺灣的經濟發展從輕工業、重工業到上個世紀末的資訊業、生技產業，農業永遠第一個被犧牲。農業支持輕工業，造就了「家庭即工廠」；農業支持重工業，農地被污染；農業支持資訊產業，農地被徵收……

臺灣歷經三次政黨輪替，也歷經二〇〇二年加入世界貿易組織（WTO），以及接下來可能面臨的多邊貿易組織（CPTPP 或其他），因市場門戶大開造成對農業產業的壓力與衝擊。我們希望找回臺灣農業過去的輝煌歷史，也希望社會大眾莫忘臺灣是「以農為本」的國家。

從歷史中找教訓，我們唯有將農業的定義擴大，方能將農業的產值做大，從觀念上的根本革新，以國家戰略高度，農業方能回到產業的核心，農業的未來圖像才會清晰。

臺灣農業的競爭力除了大家耳熟能詳的優質水果之外，其實還有很多人不知道，在臺灣雲林麥寮周邊五鄉鎮，是亞太地區「結球萵苣」產值最高的生產基地。雖然鄰近的中國福建已經在後追趕，但臺灣農民堅韌的毅力與性格，此時若能加上政府與民間資源的合力，協助其擴大在中東、東協等市場佔有率，定能夠擺脫中國的追趕。同樣的，臺灣的遠洋漁業、養殖產業、花卉與毛豆，都是數一數二的高產值產業，更不要說，臺灣的農業品種改良研究，以及農業設施的研發與創新，也僅僅落在日本、以色列、荷蘭之後，這些都是社會大眾較不容易感受到農業的進步樣態。

至於與民眾最直接的，莫過於「從產地到餐桌」這樣一個產銷供應鏈。做為此供應鏈末端的消費者，如果藉由當前的科技技術，清楚地掌握每一產銷環節，所謂的食安問題的根本解決之道，其巧門不就在此一念之間！這樣一個大工程，必須跨部會、跨資源整合，以農業為核心思考產業鏈的建構，將農業帶回產業核心，不再是邊陲。

農業要擺脫邊陲的角色，最重要的就是要「以農民利益為思考」，特別是臺灣農村人口呈現兩極化的不正常結構下，透過更多政策力道，引導年輕農民返鄉務農的最佳手段，就是讓其感受到「農業絕對會是未來的重要產業」、「從農絕對是個有前途的選擇」！要形塑這樣一個氛圍，靠的不是宣傳，是實實在在的以農民利益為優先，讓每一項農業政策順利出台。

日本農業技術的海外輸出，從生產端到銷售端的「一條龍式」服務，正是臺灣當前所欠缺——這項闕如，絕對與過去農業政策的失衡有直接關係，包括：出口市場與產業重心的過度集中、產銷供應鏈沒有跟上時代腳步、生產端的合作化生產推動遭遇阻力、食農教育推動的落後，導致今天新政府在推動農業革新之際，反手間才驚覺，在其他國家農業已大幅進步的同時，我們等同已在原地踏步中虛耗！

重農主義：兼談農地與農舍問題

面對農業問題的千絲萬縷，第一線務農者如何與龐大的農政體系之間，取得平衡與雙贏？反過來說，農業政策從擬定到推動，必須要與民意契合。

農業可以專業分工農、林、漁、牧四大領域，但解決農業問題的手段則不能自陷於這樣的官僚本位主義之中。當務之急在於，唯有從重農主義出發，回到農業的原點，發展「完整的農業」，再以農業治理的制高點，反饋落實「重農主義」。

農業，是維繫一國之存續、強弱、進退的核心體系，舉國不重視農業，無以繼之！

宜蘭知名的青年稻農吳佳玲曾發出一封聲明，強調「沒有農地，就沒有農業，沒有農業，就不是一個國家」，點出農地無法農用的沉痾。守護農地、農地活化兩派之間的角力，從來就沒有止歇。如何維持農政單位堅持守護臺灣現有七十四公頃優良農地，是一大艱鉅任務，也是使命。良田，不該再哭泣！

每一屆國會，因《農業發展條例》修正引發南部「老農派立委」不滿。這些號稱農民代言人的立委，不分藍綠，皆反對以更嚴格的法令認定農民身分、限制農地買賣。過去，在立法院經濟委員會上，一名南部重量級立委就直言：不要以臺北看天下，更不要因為媒體大幅報導宜蘭豪華農舍氾濫問題，就剝奪了南部農民苦守一輩子，等著農地價值提升後出售的「翻身機會」！

多麼赤裸裸的話語。大家應該思考的是，農業的原點是什麼？農業應該站在什麼樣的制高點，去睥睨周遭的一切！

「沒有農地，就沒有農業，沒有農業，就不是一個國家」，這不僅僅是控訴，更是深沉的無奈！三農問題：農民、農村、農業，當然是建構在農地之上。農地問題原本不該是個問題，卻因為「開發利益」的被合理化之後，如今成為返鄉青農最無言的抗議！

媒體報導「農地大浩劫　全球最貴　政府放任　良田流失」，多麼血淋淋的事實擺在眼前！

當陳定南的宜蘭治理經驗成為全國典範，不僅僅只是冬山河親水公園這樣一個師法日本自然生態工法的硬體，爾後的國際童玩節、綠色博覽會，甚或傳藝中心的落腳宜蘭，都還只是治理的表象——一九九〇年代開始，從羅東到宜蘭沿線的公路旁，廣大宜蘭平原已經出現了一座座的「歐式農舍」。宜蘭經驗是向新加坡取經其國土規劃，為宜蘭未來三十年的城鄉景觀、土地利用，扎下的根基。宜蘭治理經驗的成功，如今被農地豪華農舍問題所掩蓋，絕非當初所料之事。

農業的本質與意義，已不再是「三農」這樣的線性思維；「三生農業：生產、生活、生態」的有機性思考，也很難應付日趨複雜的氣候變遷對農業的衝擊與挑戰。農業的原點到底是什麼？農業的制高點又在哪裡？看起來，宜蘭稻農吳佳玲從她的實作經驗中，已經給了我們再清楚不過的答案：沒有農業，就不是一個國家。

這就是農業的底層結構：以農為本！大家別忘了，我們國家最高權力機構總統府的標幟上，在國花「梅花」兩邊呈現的就是稻穗。回到重農主義的核心，就是力守糧食主權；有糧食主權，才能談論糧食安全；糧食安全建立在充沛的糧食自給率之上，則無庸置疑。

看見臺灣——看見了臺灣農業什麼問題

兩個看似不相關卻落在同一個天秤上：紀錄片《看見臺灣》導演的驟逝，以及農地非農用政策如何落實。

導演齊柏林用空拍讓臺灣民眾從全新視野認識自己所居住的土地，特別是空難前留下的最後影像：美麗的花東縱谷，農村聚落向外連結一畦畦的農田；遠山、綠水、藍天，這不就是現代人在追求物質文化之外，所心嚮往之的美麗境界嘛！但，事實的真相是，從空中鳥瞰臺灣，是一幕幕怵目驚心的畫面：更多的是，山林被濫墾、農地滿是鐵皮屋。

◌ 臺灣，這塊土地在哭泣！

大地，是孕育人類文明之母。都市人多數無法理解與體會的是，每日辛苦工作，多數農民無法像商業運作去精算成本與獲益的生產關係，當土地無法滋養農民、農民無法再選擇耕作，只能將老祖先留下的農地，轉做他用。

這最終會輪迴到都市居民身上：糧食供給不再穩定、環境成本的提高、生態系統的反噬。努力維繫地力耕作，扮演守護大地山林樣態的農民，正在逐漸凋零。農村結構與農業政策調整的腳步，是否追得上大環境與生態破壞的速度？最終結果都是這塊土地上所有住民需共同承受。

正因如此，農政單位痛下決心要嚴格執行農地農用政策。在此大框架下，首先面臨的是「農地工廠」。全面剷除可能影響已經深耕成型的產業聚落，全面就地合法化絕對引來更大公憤。堅守農地農用政策的背後，必須去思考農業生產專區與農業產業化的相關配套政策的同步出台。

農地非農用，不論是鐵皮屋工廠或豪華農舍，都有其「地方治理特殊性」的歷史共業。面對如此龐雜棘手的問題，第一步恐怕還是得由更上位行政機關出面以「國土規劃」的位階，召集各地方首長與相關部會，全面檢討農地合理使用範圍、面積與區分。沒有自源頭先爬梳已錯置的國土／農地使用現況，勢必造成頭痛醫頭的批評；之後，農業相關部門針對農業產業化鏈結、農業生產專區劃分，提出短、中、長期的實施時程。

從檢討農地使用合理化開始，西部平原全面實施稻雜／水旱輪作；台三線，劃為熱帶水果生產專區；東部，做為臺灣有機農業先導專區；沿海與離島，豐富的海洋生態系；原民山林，在恢復土地正義的同時，更要把文化、保育、永續相結合。甚至，蔬菜耕作面積是否超量？畜牧產業是否走向集約化生產？如何讓耕地與小農更有效結合？這些，都與農地合理化使用有絕對的關係。

更進一步，城鄉關係要從過去「都會本位」：城市與城市間的農村，扭轉成為「農業本位」：農村與農村之間的城市。往下，各縣市到鄉鎮，建立自己的農業／農村發展特色，譬如設施農業、花卉農業、無毒農業等。在此結構之下，才有可能學習與建立日本所推行的「六級產業」、「一鄉一特色」、「道之驛」。不先把國土規劃／農地區分搞定，一切都是空談。

◌ 如果沒有往後看三十年的臺灣，大地會繼續哭泣

三十年後的臺灣，勢必是一個人口成長趨緩甚至負成長、高齡加上勞動力老化的社會結構型態。農村，自不能倖免，農業生產型態產生巨大變化，是可預見的。

回到齊柏林的《看見臺灣》，三十年後，看見的臺灣是更青山綠水？還是更坑坑疤疤？就在於我們國家現在要走向哪一種經濟發展模式（或者說，是選擇什麼樣的農業發展道路），決定了三十年後我們會看見什麼樣的臺灣。從同樣的高度、同樣的角度，保留的青山綠水，是否就一定造成經濟發展的遲緩？工業化發展的主旋律下，如何能夠並行不悖地走出一條產業與環境雙贏的道路？

農業，就是守護環境生態的最後一道防線。惟有農業正常化發展，環境生態系才能夠恢復到青山綠水的樣態。這不是臺灣在閉門造車，放眼周邊國家早已將山林保育、農村生態視為產業發展道路的列車，更不要說臺灣很多民眾膜拜的歐陸國家，更以證明農業才是一切經濟發展的基礎。

臺灣無需去倡導托拉斯掠奪式的經濟發展模式，更無需扮演哪一個國家經濟體系的附庸或傳聲筒。看見臺灣，其實是看見臺灣最大的地理環境優勢，我們不必睥睨，更無需自卑。我們絕大多數時候是站在同一高度水平線上，去理解我們居住的土地，鮮少有機會站在制高點，去放開自己的視野與心胸，用更大的格局去思考長遠未來的發展道路。

要看清楚臺灣農業，就必須把自己拉高到這樣的縱深高度，「青山綠水才是坐擁金山銀山」，美麗的婆娑之島——臺灣，是我們留給三十年後子孫最重要的資產。

活化農村經濟的深層思考

筆者密集地走訪山城與漁村，與返鄉青農深入交談，他們一致對於臺灣農業的未來抱持著希望與信心，特別是政府目前大力推動的新農業創新推動方案，多所期待。但，在私下言談中，也透露出對農村經濟未來發展的擔憂：不在政策方向與內容，在如何落實。

公務員的敷衍了事心態，缺乏同理心的政策執行推動態度，做為政策高度與底層結構的連結者，反倒成為絆腳石。

因此，政策高度如何下降到農村，讓農民有感，是重中之重。

舉個實例。以農民最常討論農村人力老化問題來說，這牽扯到農村人口結構的改變問題，更有不同區域的發展程度差異問題。先從歷史面來看，臺灣在二〇〇一年加入世界貿易組織（WTO）之後，農業一度成為產業的邊陲，再加之臺灣在全球產業分工體系下，代工產業逐漸喪失其競爭力，國內產業比重大幅向服務業偏移，此外部大環境的劇變，對農業造成不容小覷的衝擊。當產業結構出現逆轉，農業若要回到產業鏈的核心位置，農村勞動力如何有效遞補，絕非單一線性思考，也非政府單一部門可以解決：包括短期缺工、專業代耕、畜產業特殊性、精緻農業需求……，絕非以單一模式套在複雜的農村缺工問題上。

問題在於第一線訊息的蒐集與反饋，有沒有真實地回到決策體系中被充分揭露。

政府部門，早已被龐雜的官僚結構給綁架，中央政府與地方諸侯的競合關係，更加深了官僚主義的自我保護心態作祟。特別在專業分工十分明確的農政單位，也很難苛責他們要如何處理從農地、農作、生產訊息、農民生計、農村建設……等，更遑論去關照政令的下達是否真有成效!?但，工作龐雜絕不能成為藉口！有沒有善用在地資源、有沒有打破政府科層的中心主意、有沒有顛覆過去的不作為……。官僚體系既已失靈，農村未來發展也不容樂觀。

◌ 差異性是活化農村經濟的核心

什麼是農村經濟的差異性？就是依據當地特有的風土，所滋養出的民情、文物、特產，不是一種從上而下的政策推行，是自農村既有基礎所發展出的特色產業，經由政策平臺得到該有的資源挹注，呈現出每個農村的差異化發展。用更簡單的口語，就是「一鄉一特色、一鄉一特產」的進階版！

這裡會觸及到對經濟的左右派路線之爭——這在臺灣是一個沒有太多人會去關注的議題——在農村，經濟路線的辯證像幽靈般地在每個角落中，無時無刻地提醒著大家。農企業、文青小農，農村經濟發展路線的辯證，從未止歇。引入外部經濟活水，或維護既有傳統生活模式，更是發展派與環保派的角力戰場。

這些辯證對農村、對農民都太過沉重！問題最終還是要牽扯到全球化、氣候變遷，以及臺灣在全球產業分工的角色。沒有看清楚這些問題，農村經濟活化終究會遭遇到外部結構強大的壓迫回到原點。

新農業政策的出台，誘發了積壓於農民內心深處已久的躁動：主張要大面積利用國有地契作的想法，卻導致基層農民莫大的反感。惟不見有第一線執行者挺身而出捍衛政策，或彎下腰與農民溝通——農民取得農地不易，國家土地（主要掌控在台糖公司手上）卻被統籌運用造成外界「與民爭利」的疑慮——根本解決之道，是回到農村經濟發展的軸線上思考，政策大方向如何與農村產業發展對接？讓農民也能感受到政策所帶來的「小確幸」。政策溝通、修正、實踐，必須即刻進行，不容再有所拖延，否則民怨積累必將造成另一波的大海嘯。

看見臺灣農業新希望

翻轉臺灣農業結構是一個沉重的使命。上位者，政策方向與戰略高度，缺一不可；第一線務農者，特別是青農，有別於上一代的保守做法，具備專業化生產知識及產品行銷能力。要成功串起整個產業鏈，仍不得不去正視國際競爭與氣候變遷壓力下的外部因素，要以更精準的數據、更先進的管理技術與農業科技的導入，並能反饋回到政策的決策過程。熱血青年對農業的參與，綜合了以上的圖像，讓臺灣農業看見新希望！

鄰近臺北都會的桃園市大園區，是北臺灣最重要的溫室蔬菜供應基地，長期以來大園蔬菜產銷班透過契作方式，穩定供應大臺北地區的大賣場通路。當「熱血青年」邱冠鈞回鄉承接父業，頂著青農的招牌，他們並沒有走父執輩的老路，而是善用網路科技為載體，直接面對市場高端消費者，讓都市中產階級直接與農村土地連結，甚至成功打進臺北五星級酒店與知名連鎖餐飲業者的食材供應鏈。品牌化、產品差異化，加上專業的田間管理模式，穩定的農產品品質，也就穩定了獲利來源。

即使已建構自己的營運模式，但整個產業鏈的架構，並不一定能跟上他們的腳步。譬如說，專業的冷藏倉儲設備，就不是個體小農可以負擔得起；氣候變遷對農作物生長的影響，需要更適應環境變化的品種研發與更替，更需要政府農業科研單位的關注。最重要的是，當臺灣社會已經形成對食品安全的「零容忍值」的高標準要求下，農產品的安全源頭管理與認證體系，仍有很大的改進空間。這些都是成功背後所隱藏的危機。

又如學童營養午餐開始重視強調「食材在地採購」之後，臺中地區的一群農業科系畢業的年輕人，在馬聿安的號召下，憑著一股對「農業革命」的熱血，一頭栽進許久沒有人重視的雜糧作物復耕與推廣。這群年輕人專業分工、各司其職，下田、加工、品牌、通路、行銷，整合成「成熟商品」直接挑戰市場接受度：國產麵粉、國產豆漿就在這群年輕人的膽識中誕生。

他們剛起步，或許經驗值、專業度仍在累積當中，但他們和傳統農業定義下的生產、運銷模式不同的是，他們善用知識與展現專業，他們很清楚市場的競爭是殘酷的，農產品更需要的是附加價值的創造。他們用說故事的方式走入消費群體，讓農業重新穿上新衣，用有別於傳統的思維，以「市場導向」為依歸，是不同生產領域年輕從農者的共同成功模式。

靠著募資平臺自創品牌，並透過網路銷售竄紅的獸醫酪農龔建嘉，同樣具備了對食物品質的「理念堅持」，並從生產端的源頭落實開始。他們依循著社會企業的經營模式，也清楚面對資本市場與企業壯大之後會造成理念堅持的對撞，仍很務實地找到一個「可運作的商業模式」來解決社會問題，絕不只是用單純感性訴求。理念是無形的回饋，也是一種動力支撐與來源，但絕對不能和市場脫節，更不能違背農業的基本運作法則。

佔據主流體系的農業結構，是否感受到「它們身旁有一位剛起步的小朋友」，正以三倍的速度加緊追趕？看起來是沒有的！主流體系的農業結構，特別是「農產品運銷體系」這個主系統，其實正在被一個個的次系統、微系統給分割。尤其是整個社會的人口結構、城鄉發展模式與消費習性，早已和四十年前大不相同的時候，依附在傳統主系統下的農產品銷售——整個從田間生產者到消費者餐桌上的流程，早已興起革命。

農業產業結構的調整，其實是一種翻轉的過程，既有的主流體系中必須「讓出舞臺」，勢必得給出一定的空間讓這群熱血青年去揮灑。當熱血青年累積到一定程度的能量，就有機會發生「量變變質變」的翻轉。這個過程可能需要十年甚至更長的時間，政府的有限資源就必須有效的挹注，就更需著重在結構面的匡列，而非救急式的補助。從產業架構的每個環節，發現產業轉型會遭遇的困境，早一步布局打樁，提供新農業滋潤的土壤，讓其自然茁壯，這才是臺灣新農業成敗關鍵之所在。

新農業

食品安全

農業科技與未來

農業南向

農業的熱門話題之一，莫過於政府新南向政策與農業之間的「正向關聯性」為何？媒體報導焦點集中在所謂的「臺灣水果是否外銷東南亞市場」這樣的命題上。仔細深究整個政策脈絡，以及臺灣農業當下體質與挑戰，不難發現「農業南向」這樣一個命題，並非如此狹隘。

二〇一六年年初一場突如其來的百年大雪開始，到接二連三的颱風造成巨大的農損，已經說明了臺灣農業在整個產業環境中的脆弱性，無需贅言。臺灣農地的破碎化、從農人口的高齡化、產銷結構的單一化，加上農糧自給率的相對偏低，更不要說面臨農業強國的強力扣關，農業問題早已上升至國安層級，唯有農業全面改革與產業升級，方能因應困局與挑戰。

政府的「新南向政策」提供了臺灣農業未來發展的一種可能性，也打開了另一個思路。沒有人會否定，農產品所面臨的市場競爭的嚴酷性，也沒有人會天真樂觀地認為，只要把「產品賣出去」臺灣農業問題就可以得到解決。

蔡總統不斷地宣示未來農業政策，絕對要緊扣這樣一個問題意識，從引發爭議的美牛開放進口問題，到最末端學童營養午餐供應安全控管，農政單位都展現出一定程度的承擔性，也不忘回頭審視過去的政府在農業政策的腳步。唯有透過不斷地政策意見反饋，才能在政策推動上避開閉門造車之見，並透過更充分的溝通，得到農民的認同與支持。

◌ 新南向政策與農業

農業與新南向政策的關係不僅僅只是單純的「農產品賣出去」這樣一個命題，而是思索「農業如何走出去」的大命題！農業如何走出去必須考慮臺灣當下的國際處境，也正因為「農業的走出去」，反過來可以成為臺灣國際空間開展的一個破口。

別忘了在過去的數十年間一直持續到現在，仍有為數眾多的農業專家，默默地在全球各地協助第三世界國家的農業技術提升。這群無名英雄們，就是臺灣農業走出去的先鋒隊伍。他們將臺灣的優良品種、農耕技術與行銷策略，帶到世界各地播種，早已為臺灣打下農業走出去的基礎。

政府新南向政策的農業戰略，是根植於這樣一個高度，絕非曲高和寡，是要找回過去的農業光榮。只是國內的農業政策腳步無法跟進，讓這樣的光榮逐漸黯淡。這是政府在啟動新南向政策時，農業產業要如何重新搭上列車，一個很重要的思維原點。

輿論的焦點過度集中在農產品出口這樣一個單一性議題上，見樹不見林的情況下忽略了臺灣農業的整體戰略性高度，也造成對農業南向的曲解。在市場全球化的趨勢下，加上環保、生態、永續發展意識的抬頭，農業的轉型升級與走出去，自然得順著這樣的理絡，清楚地找到自身定位。

我們認真審視農業南向的幾種可能性與面貌，從農業的最源頭來發展生物性有機質肥料、農業資材、農機具，到農業設施的整廠技術輸出，搭配完整與系統性的市場調查與產品競爭力提升；回到國內農業生產技術的全面升級，包括田間管理的國際接軌、採後處理的技術提升、產品分級的規格統一、品種改良技術的不斷精進等，以及周邊配套的農作物保險的救濟機制、農業勞動力的合理補充、年輕務農者的輔導機制，惟有上述全方位的關照，「把產品賣出去」這樣的命題，才是真命題。

外界關注的農業國家隊，自然也就不會只是一個單純買賣農產品的國家隊，是肩負臺灣農業 4.0 落實的政策執行平臺。農業國家隊放眼的是，透過商業化運作機制，得以更靈活、彈性地面對市場的高度競爭與變化，以更務實的市場消費導向，對政策部門做有意義的反饋，形成一個正向循環，避開政策空洞化。

東南亞國家是新南向的市場目標，農業自然不該置身事外；更南邊的澳大利亞，之於臺灣更具備了反季節生產與地廣人稀的差異互補性；成熟的東北亞與美、加、歐陸市場，特別是臺灣之於日本，更可反向思考成為「讓臺灣成為日本的精緻農產品的海外生產基地」，更據此外溢東南亞市場。當然，還有一個長期被忽略的「回教國家市場」，龐大的人口基數與特殊的「HALAH 認證體系」，都是臺灣農業走出去的藍海市場。

水果國家隊

農業領域，特別被總統蔡英文點名為七大重點產業，將針對經營環境、法規、人才培育等議題與業界深度交流，並進一步討論中央與地方政府在產業發展的合作策略。要如何讓產業從廢墟中重新站起來，不得不從過往的失敗經驗中爬梳，理出一套全新的戰略方向。特別是，攸關農產品出口產值增加、避免過度依賴中國大陸市場，這兩者該如何魚與熊掌兼得，絕對會是一大考驗。

◌ 當中，最常被提出的解套方案就是紐西蘭奇異果模式

首要要問的是，為何臺灣一直沒有辦法出現「紐西蘭奇異果外銷模式」？很多高談臺灣農產品要大舉外銷海外市場的論調，基本上都缺乏對實務經驗的深刻體會，特別是「生鮮農產品出口」這麼一項專業的學問，遠比外界想像的複雜，「眉角」之多也非三言兩語可以說得清楚。回溯歷史，「青果社」這麼一個被政府特許的農民組織，專責出口日本香蕉，其實就是臺灣上個世紀六〇、七〇年代的「水果外銷國家隊」。在當時「市場行銷概念」不甚發達的年代，與青果社同樣擁有強大外銷出口能力的是號稱「水果大王」的陳查某。

如今，青果社業務凋零，陳查某的第二、三代開枝散葉，依舊是臺灣與日本間農產品進

出口的重要貿易商，其家族早已跨足食品界與其他領域。也就是說，這門「純水果進出口生意」對其經營者，更重要的仍是獲利數字。但曾經輝煌的青果社呢？這個賺取大筆外匯，並捐贈國父紀念館興建經費一半、支助政府興建眷舍的一個「法人組織」，後來因市場開放，青果社如今人才流失、業務萎縮。

他山之石：紐西蘭奇異果模式

談論紐西蘭奇異果的成功營運模式，必須先從紐西蘭奇異果的歷史談起。獼猴桃（Chinese Gooseberry，後統稱 Kiwifruit，奇異果），一九〇四年由赴中國長江上游宜昌一帶考察學校教育的 Mary Isabel Fraser 帶回紐西蘭。二十世紀五〇年代，一種名為「海沃德品種（Hayward Wright）」，成為後來紐西蘭奇異果品種的出口標準。為了市場行銷策略的需要，Chinese Gooseberry 的名稱經過多次更名，終於在一九五九年紐西蘭北島大城奧克蘭召開的生產者大會上，由 **Jack Turner** 先生建議更名為 **Kiwifruit**，至此 **Kiwifruit** 被廣泛認定與使用。一九七〇年代，紐西蘭又引進黃金奇異果品種，其光滑外表與更熱帶風味的口感，黃金奇異果如今已成為**佳沛公司**（**Zespri**）的金雞母。

佳沛公司的出現，其遠因就在於上個世紀七〇年代紐西蘭奇異果外銷熱潮下，導致國內生產過剩；到了一九八〇年代，當其他國家也開始種植奇異果並外銷時，出口商彼此削價競爭，紐西蘭奇異果農民收益銳減，因此紐西蘭政府在一九八八年成立由兩百多名紐西蘭奇異果農民組成的「紐西蘭奇異果行銷局（New Zealand Kiwifruit Marketing Board，Zespri 的前身）」，負責紐西蘭奇異果的生產者管理與海外市場布局。

上個世紀九〇年代紐西蘭政府取消補貼政策，一九九九年紐西蘭政府更進一步通過《奇異果產業重整法（*Kiwifruit Industry Restructuring Act 1999*）》與《奇異果出口規範（*Kiwifruit Export Regulations 1999*）》。依據上述的法令規章，紐西蘭奇異果行銷局改組成為 Kiwifruit New Zealand（簡稱 KNZ），和 Zespri Group Ltd；前者負責產業政策問題，後者負責國際行銷。

此《重整法》通過後，確立了佳沛公司架構、資金運用的法源，同時也確認 KNZ 做為紐西蘭奇異果出口規範執行者與監督者的法定地位。此出口規範的授予，不僅僅讓 Zespri 可以扮演「單一窗口：單一品牌、單一海外價格」，也讓 KNZ 扮演協調 Zespri 與其他「合作經營商」出口配額的相關事宜。KNZ 負責紐西蘭奇異果產業策略制定與協調等相關問題的上位組織；Zespri 是市場營運的執行者，從全球行銷，統籌管理紐西蘭奇異果的海外銷售與生產基地管理。

因應情勢 逐步轉型

綜觀紐西蘭奇異果產業這段出口簡史，可知 Zespri 強勢行銷全球，其篳路藍縷，從產品名稱、新品種引進、法令規範，公司化組織運作，最重要核心宗旨仍圍繞在「照顧奇異果農民，讓奇異果農民的利益極大化」。

臺灣接下來在思考農產品出口，不論花卉、生鮮蔬果、畜產加工品，市場開拓與生產端源頭的整合，勢必得雙軌同步進行。目前結球萵苣外銷日本，基本上已初步具備這樣的型態：農民生產者、合作社組織、出口商，到海外經銷商，產銷供應鏈的建構已初步成形。

紐西蘭奇異果模式的可取之處，在於透過法令的授予，生產者透過專業經理人的協助，共同制定符合外銷市場需求的產品標準，包括奇異果的果實大小、質量、包裝等，且巧妙地用運 KNZ 與 Zespri 這樣的分權又互補的關係，敏捷快速地反饋市場訊息給政府部門，善用民營組織的靈活性，來因應全球市場的瞬息萬變。

紐西蘭奇異果的成功，是以「農民利益為核心」樹立典範。給臺灣農業的最大啟示在於，如何將生產者農民組織化，引進現代化管理知識，提升產業競爭力，又能兼顧照顧小農、青農權益，以因應未來可能遭遇加入自由貿易組織所引發對農業的衝擊。

近三千名紐西蘭奇異果農民，可以自由加入「紐西蘭奇異果生產者協會（NZ Kiwifruit Growers Inc., NZKGI）」，此協會對 Zespri 公司董事會、專業經理人之選任，有實質影響力。同樣以水果來看，目前外銷最火熱的鳳梨，同樣有各種不同品種、不同風味、不同採收熟度控制與不同包裝型式，能否在這些外銷出口貿易商與農民生產者之間，出現一家類似 Zespri 的單一平臺整合公司？或是，有一個類似 KNZ 組織型態的，負責臺灣鳳梨外銷產業整體戰略思維與規劃？

回到以農民為主體的思考，加上清楚的國家農業戰略方向，不管是鳳梨或是其他水果，才能避免市場過度快速成長下所帶來的危機：削價競爭，折損農民權益。鳳梨，確實已經到了這個關口，借助紐西蘭奇異果成功模式，取其精髓要義，組織化、單一平臺、政府與生產者間的政策協調機制，這些都必須與強大的國際行銷能力相配合，鳳梨，絕對會是一個可以嘗試建立「臺灣奇異果模式」的試金石！

農業基本法

臺灣農業法規的最高位階是一九七三年實施的《農業發展條例》，這套以「農地管理」為主要依據訂定的「農業憲法」，雖經十次的修訂，如今已無法滿足當前農業問題。要根本解決臺灣農業問題，必須從過去三農：農業、農民、農村的傳統思維，轉變為三生農業觀：

生活、生產、生態。若參照歐盟、日本、加拿大等農業先進國家的做法，以及未來臺灣加入區域經貿組織所面臨的挑戰，臺灣已經到了不擬定《農業基本法》不行的時刻。

關於《農業基本法》的立法過程，過去立法院台聯黨團時代，曾經由該黨立委尹伶瑛率先提出《農業基本法》草案版本，然歷經多次會期審查仍無法通過一讀會。其最大爭議就在於，《農業基本法》是否要明訂到各個子項細目，還是類似「憲法精神」只須明定綱目方向？加上行政部門的技術性杯葛等因素，於是不了了之。

學者多數主張，先有主軸，再據此明訂其他子法，譬如《農地管理辦法》、《農業保險法》、《有機農業促進法》等等。但部分農民團體或組織的立場，則希望在這套《基本法》中能針對某些項目，在法條文字方面可以表述的更為完整與細膩，以為規範。

日本是採取訂定《農業基本法》，歐盟則是以「共同農業政策（CAP）」，五年做出檢討，建立中、長期的農業發展方向。日本為因應糧食供給不足、務農人口老化與國際競爭，在一九九九年訂定了《糧食、農業及農村基本法（新基本法）》；歐盟國家當中，德國在二〇〇一年將糧農林業部改制為「消費保護暨農糧部」，英國也在同年將農業漁糧部調整為「環境糧食暨鄉村事務部」。這些例證，都足以證明《農業基本法》要與時俱進，為跟上時代轉變，朝向結合生活、生產與生態的「三生」理念，更重要的是透過《農業基本法》或共同農業政策，以彰顯一國對農業政策的未來發展方向與要旨。

回到臺灣現行的農業政策的根本大法：《農業發展條例》，這個本於農地使用與規範為出發點的農業法令，在立法意旨上已跟不上潮流，加上缺乏相對的制高點，也就無法以更宏觀的角度，來面對農業發展可能遭遇的衝擊，包括：貿易自由化下的關稅壁壘障礙的消除，使得農產品面臨農業大國的競爭，以及農業與其他產業的結合與整合。

《農業基本法》的擬定，是為了讓農地永續使用、讓務農所得提升。有了《農業基本法》，方能讓社會大眾體認農業政策的重要性，回到「農業乃立國之本」的精神，讓農業與社會活動產生密切連結，方能達到農業生產、環境保護與永續經營的三位一體思維，對於消費者的飲食安全保障才能真正落實到位。

臺灣當前農業問題的權責單位，分散在中央、地方政府各部門。以消費者最關心的食品安全，生產源頭的農藥檢驗與通路上架販售產品的檢驗是衛生局，但生產源頭的農藥管理卻是農政單位；同樣的，受天災影響導致農產品價格異常波動，權責查察單位是公平交易委員會，農民損失補償又是農政單位；農地超限使用危害國土安全，除了國有林地為農委會管理，未來在政府組改之後都將屬於環境資源部的列管範圍。

另一個熱門話題：農舍非法變更，又涉及跨部會的中央層級的內政部，與地方政府的建管、都市計畫與農業局處。也有學者主張，臺灣農地因破碎化，是否應以更高位階的《國土規劃法》、《區域計畫法》來管理農地，以根本解決農地非農用的亂象。臺灣地狹人稠，耕地面積有限，每人平均耕地面積、區域耕地面積、全國耕地面積，都需要更完善與全面的角度思考。不論未來出台的《農業基本法》內涵與條文是什麼，做為農業發展的母法，農政部門必須據此做出年度性的農業施政報告與每五年（或四年）的發展方針規劃。

不過，國民黨八年期間農委會並未積極推動該法立法，多次以修正《農業發展條例》為由，推衍《農業基本法》的訂定。同樣的，農業相關法令的修正也在缺乏農業母法的情況下，不斷地將農業法令拆解，不僅沒有辦法因應貿易全球化所帶來對農業的衝擊，許多農業法令的修正更帶有強烈的政黨意識形態色彩，無形中讓農業問題惡化，讓農業發展機會流失。這些正是《農業基本法》未能制定所帶來的後遺症！

總統蔡英文曾在其就職前臉書發表對臺灣農業三願景：農業保險與對地綠色環境給付、安全標章制度與農產品出口管理公司，若沒有上位農業法令的支撐，勢必事倍功半。執政黨應回歸農業母法的立法討論，凝聚社會最大共識，藉由綱要的釐清與制定，讓農業發展方向有所依據、農民組織更加健全，使農民收益提升、農村風貌改觀，方是立法之本意，也是臺灣農業問題的根本解決之道。

農業保險實施迫切與必要

農產品價格的暴起暴跌，此價格反差乃全球化現象，也是氣候異常下的必然，但並不能因此成為脫罪藉口。此時，農業保險的開辦，也就成為一種必要救濟手段。依當前臺灣農業法令的母法《農業發展條例》第五十八條的規定，政府為安定農民收入，應辦理農業保險。

走入鄉間只要一問，都可聽聞「種菜的現在比種稻好賺多了！」做為農村過去穩定收入來源的稻作，因加入WTO之故休耕大幅增加，但為了確保糧食自給率，過去政府只能以「休耕補助」為手段，一方面避免違背WTO市場自由化，一方面要兼顧保障農民。但實際情況是，休耕補助根本連基本工資的保障都不如，只是讓更多的農地轉為荒地。爾後，農政單位再祭出「小地主大佃農」的農地銀行，同樣因為農地分割過於嚴重，實施成效有限。

農業生產的核心必須是以糧食安全為中心，如此才能進一步釐清農產品保險這樣一個在臺灣必須馬上面對與處理的重大政策，為何有其迫切性。

根據多名學者的研究，美國、加拿大、歐盟國家與鄰近的日本，都有實施數十年的農業保險經驗。綜合來看，政府的角色必須介入，不論是直接擔任承保或再保，農民面對不確定的天然災害因素導致的農損，不可能持續以「災害補助」的模式補助，長期下來對農業發展是不利的。參照其他國家農民保險的做法，這是一個橫向連結到「農民收益穩定、農作供應穩定」的一個可行性措施。

根據學者楊明憲的研究，歐盟各國的農業保險，依據天候條件可大概區分為農作物的風險保險、產量保險與收入保險。鄰國日本根據學者研究，則是採取「互助（共濟）合作社」模式，以農協組織為基礎層層向上承保，最終由政府出面擔任再保險角色。日本這套模式最大特色在於，區別糧食作物、畜牧業、果樹作物與蔬菜作物的不同類別的農民互助（共濟）合作社，並特別針對水稻與小麥由國庫支應其二分之一的保費補助。

回過頭看臺灣的狀況，水稻是最容易遭受颱風、豪雨侵害受損，也是具普遍性災害風險的農作物，最應當率先實施農作物保險，可由農民自行選擇對產量，或對收入保障，由政府出面主導保險機制的建立。

扎扎實實的農業改革第一槍：稻穀保價收購政策可休矣

一九七四年實施的「稻穀保價收購政策」，在推行四十二年後終於到了改革的時刻。新政府採取「雙軌制」，把符合WTO「綠色措施」的「直接給付」制（稱之為「綠色直接給付措施」），納入試行試辦。也就是說，農民二期稻作收成後，可以選擇交公糧收購，或領取現金給付自行市場銷售。此措施引來糧商與反自由派的批判，到底這農業改革的第一槍目的為何？值得深入探究。

農委會強調臺灣加入TPP，其中關於稻米的保護，這是臺灣加入區域經貿組織所必須面臨的抉擇；與瘦肉精美豬議題不同的是，稻穀保價收購是否要繼續？引發不起社會大眾關注。稻穀保價收購到底是怎麼一回事？所涉及的對象就是稻農、糧商與農政體系。

站在糧食自給率的大前提下，以米食為主的國人，更須體認稻米生產是「國安層次」的糧食安全問題。世界各國在面對WTO與區域經貿組織談判，市場被迫大開的情況，農業保護自是各國首要之務。遠的不說，日本為了加入TPP，安倍政府就列出所謂的日本農業的五大聖域：稻米、牛、豬、乳製品、糖；更重要的是，安倍用「犧牲工業保護農業」的大戰略，爭取日本稻米市場開放的「最低衝擊」。

這些配套措施的大前提是，必須取消所謂違反自由市場的不公平競爭制度，稻穀保價收購則首當其衝。日本、韓國先後在一九九八年和二〇〇五年取消政府保價收購稻穀政策，並改以直接給付的模式保障稻農所得。在WTO對各國農產品市場開放壓力下，美國、澳洲等稻米生產大國低價叩關，使得改制後第一年日本米價下跌百分之八點七、韓國米價下跌百分之十三點四。

臺灣食米文化固然是傳統，但少子化加上飲食西化影響，國人食用稻米比例大幅衰退。平均年食用量跌破四十五公斤，小麥製品（麵粉）卻突破三十六公斤的歷史高點。臺灣一年約生產一百五十萬到一百六十萬公噸稻米，耕種面積約二十八萬公頃，在加入WTO之後，每年須開放進口十四點四萬公噸稻米，國內稻米市場的年實際需求量大約一百零三萬公噸。在這樣一個明顯供過於求的市場環境下，長期以來以「保價收購」方式來穩定市場價格的方法，是否仍可行？是否又產生了哪些弊端？此保護措施一旦取消，是否農民生計就大受影響？

反對者站在「保護農民」的制高點，更以稻米糧食安全為由，認為稻穀保價收購有其存在之必要，是對政策的誤解。問題的核心是，這是國家戰略方向的選擇問題。如果新政府選擇了一條加入自由貿易的道路，對農業衝擊的「減緩措施」是什麼？農政部門就不得不認真面對並解決——除非，人民透過更高層次的動員與反對——就理性討論現行稻穀保價收購是否續行，恐難避免。

參照其他國家的因應之道，以及國內政策面可以支撐的能量，進行合理的改革，已到了非做不可的地步。現行稻穀保價收購的問題，已經不在於此措施違反所謂的市場自由化，而是現實面的真正最大獲利者，不是稻農，是糧商。套用農委會主委陳吉仲先前對此制度弊端評論的話語：「當政府提高稻穀保價收購價格三元時，農民不一定會完全獲利。政府選在每年第一期稻作收割前，宣布提高收購價，雖然糧商還在賣去年年底第二期稻作的存量，但考慮到接下來必須跟著政府腳步，提高收購稻米的成本，在這種預期心理下，糧商便提前喊漲價，搶先得到利潤」、「另一個問題是，即使等到今年稻作收割，現在的農民已無力晒穀、烘穀，都是將溼稻穀交給糧商，由糧商代為繳交公糧。雖然政府提高三元，但糧商若只提高一、兩元向農民收購，賺取差價，農民受惠有限」。

在實際繳交公糧的農民成為少數的情況下，又很難一次性打破此等結構，採雙軌制方式推行「綠色直接給付措施」，一方面符合國際規範，另一方面藉此讓稻農直接面對市場，目的不是要消滅國產稻米，反倒是讓優質的國產米，可以不用經大型糧商之手，直接進入市場販售。當然，這需要更完整的配套，一如日本當地稻農為了因應 TPP 加入，從源頭的新品種研發，到末端的市場通路調查，以「分眾化市場銷售」打開日本重新食用國產良質米的習慣。

這個問題臺灣同樣存在！國人要購買百分之百的臺灣米，已大不易。市場上三大包裝米品牌，多次被消費者保護團體踢爆，摻雜有泰國、美國的進口米。現行的稻米保價收購肥了糧商，苦了稻農和消費者。

◌ 雙軌制：「綠色直接給付措施」與「稻穀保價收購」

稻穀保價收購政策在一九九二年增辦「餘糧收購措施」後，稻穀保證價格區分三個階段：計畫收購——主要目的為增加稻農收益；輔導收購——穩定市場價格及供需；餘糧收購——支持市場價格，避免稻農售穀價格低於直接生產成本。一九九五年九月農委會又發布之「國內稻米安全存量標準」，為維護國家糧食安全與穩定糧食供應，主管機關應於國內適當場所儲備不低於三個月稻米消費量之安全存量。

綠色直接給付措施，就是讓選擇此制度的稻農，政府每公頃直接補貼兩萬元（以現行稻穀每公頃六千公斤產能，每公斤賣出比公糧輔導收購價二十三元高出兩元為計算，可賣出十五萬元再加上兩萬元補貼，扣除成本後，每公頃獲利約十萬元）。綠色直接給付的配套措施，必須和「休耕補貼」銜接：休耕補貼一年補助一期作每公頃四點五萬元，將來政府提供綠色給付六萬，同樣採雙軌制，選擇綠色給付的地主，將休耕土地經營權交由政府，再由政府統籌以每公頃三萬元租給青農。此措施等於政府只出三萬，休耕地補助等於變相提升到六萬元，也可擺脫「農地租金四點五萬元」的低價罵名。且政府花較少的經費取得休耕地，耕作者也同樣用比過去更低的費用承租農地，是一種雙贏政策。

按照農委會的規劃與預期，採行雙軌制後，年輕稻農、專業稻農，會選擇綠色給付，老農繼續依循舊制保價收購，降低對老農的衝擊，也減緩稻米價格下跌壓力，更符合經貿組織規範。綠色給付雙軌制，不論對稻米、休耕地，最終效益的體現在於擴大農民生產意願，將休耕地活化轉作其他非基改雜糧作物。

在稻穀保價收購已成選舉政治的操作手段，失去糧食安全與市場價格穩定的功能後，面對稻米市場自由化的開放壓力，農委會開出扎扎實實的農業改革第一槍，已挑動既得利益者的敏感神經。

農業人才的向下培育

報紙斗大的標題「農村缺工　首招兩百名高中生從農」在農業議題屢屢成為媒體關注之際，讓關心臺灣農業發展的人，此刻彷彿吃下了一顆定心丸。如今，我們終於看到培育（empowerment）下一代農民的政策出爐，也讓更多資源的挹注，使政策得以發揮功效。

從目前官方公布的訊息來看，教育部在二〇一七年結束的國中會考向農家第二代，或對從農有興趣的國中畢業生，與農委會合作推出了「獎勵高中從農方案」。方案規劃，國中畢業生選擇就讀北科大附農等十一所學校**農場經營科**，每學期可領農業獎助學金五千元，加上相關獎助金，每學年最多可領三萬元，高中三年領九萬元。寒暑假則下田實習，畢業後可選讀農委會推動的大學農業公費專班，一年預計提供兩百個名額。

以目前臺灣農村缺工十萬人來看，這樣的計畫當然是杯水車薪。對照國人目前的超低生育率、國土規劃不當的情況下，臺灣農村只剩下老人、小孩與外配、外勞，青壯勞動力流失嚴重，已是國安問題。即使臺灣未來或有可能走向「科技農業」道路對人力降低其需求，但從農主力結構老化是不爭的事實，培育農村青年人才，才是「今天不做，明天必後悔」的「前瞻計畫」。

教育部的高中從農方案，宣稱要「有系統地培育具創新經營與持續學習能力的農業接班人」。在此，就試著以「系統性」的方法，來看看到底青年農民培育內容，該具備哪些事情：一、職校課程須結構性改革，以農法科學進行實作，並學習合作化生產理念；二、應提供農地予有志友善農耕之畢業生；三、保障通路三年；四、鼓勵畢業生集體民主產銷；五、無息貸款每人五百萬為上限；六、職校之生物、物理、化學課程配合農業科學設計；七、另開設土壤科學、循環科學；八、學校須闢專屬教學農場與農業科學圖書館。

上述歸納的八大培育系統，最終目的就是「擴大農業領域之公共職能，讓青年農民得以有能力吸收科學新知，應用新農法之『農業公民』」。

目前官方宣傳此政策，或多著重於獎勵措施，但更重要的是「培育核心」的內容規劃。除了教育部應該積極與農委會跨部會協調，也須地方政府從旁配套協助，打造讓青農可以安心落腳農村的環境。舉實際走訪農村得知的現況，青農返鄉首先面臨的問題，除了資金、土地之外，就是「落腳農村以農業為志業」後的整個生涯規劃，從「安身立命」到「成家立業」，筆者就經常聽青年農民無奈的說，除非你奉行單身主義，否則最好是成家後再回到農村，因為農村真的很難找到合適的結婚對象。如果不打破以城市結構型態主導的政策思維，再多的青農人才培育，也很難讓他們紮根於農村。

類似這樣的問題，從教育體系源頭解決農村人力不足的同時，政府其他部會也必須同步思考如何解決。如何讓農村人力的解決，真正成就農村人才的培育，必須讓培育內容與外部結構調整雙管齊下，若只是用高額獎學金、補助款吸引農校學生回流，最終畢業之後仍無法落腳農村。

當然，整個教育體系，是否該藉著這次的獎勵高中從農方案，徹底思考過去二十年的教育改革，在廣設大學、偏學術輕技術，將技職體系徹底摧毀瓦解的思維下，也確實到了一個必須徹底反思的十字路口——如果國人仍普偏追求高學歷輕視一技之長的專業訓練，再多的獎勵高中從農終究只是曇花一現的美麗錯誤政策。

深度解讀友善環境耕作之納法輔導管理

《有機農業促進法》的出台，首次將友善環境耕作入法，並與有機農法並列推廣。關於友善環境耕作案例、探討早已多如牛毛，在臺灣實施友善環境耕作的農戶，也與慣行農法、有機農民不同，自成一格。但，其他國家是怎麼看待「友善環境耕作」這件事呢？

網路搜尋 Environmentally-friendly Farming，會出現超過七萬筆的學術討論文章，相關網頁報導也高達百萬筆，無庸置疑這是一個潮流與趨勢；另一個相似的概念「Ecological Farming」，也有近五十萬筆的網頁連結。但無論是 Environmentally-friendly Farming 或 Ecological Farming，兩者間共同概念包括了「生態平衡與自然的、可持續性的、與環境共生的、有別於有機認證體系的」農法；共同的關鍵字，則是「土壤、氣候變遷、微生物菌」等不屬於慣行農法範疇的概念。

當然，在臺灣只要不使用農藥、不使用化肥、不用除草劑、動物不用抗生素、作物不噴灑賀爾蒙，林林種種這些的都算是友善環境耕作／生態農法。但，問題真的就這麼單純嗎？

從國外推廣經驗中，在規範友善環境耕作的法令出台之前，我們是否該自問臺灣農業是否做好換軌到 Environmentally-friendly/Ecological Farming 呢？

誠如一位落實友善農法的稻農所言：「過去政府的農政體系從來不會關照這個領域。友善環境耕作領域，對於現存的農業官僚系統，是一個隱形不存在的體系！」慣行農法在全球有其一致性，特別是跨國企業透過化肥、農業、基改作物，大舉入侵第三世界各國——友善環境農法的實踐者，只是對抗這農業全球體系的一個微小力道。

於是我們要問，臺灣是否有精準的統計，奉行 Environmentally-friendly/Ecological Farming 的農戶有多少？其分布型態又是如何？在法令納管 Environmentally-friendly/Ecological Farming 之後，官僚體系做了哪些因應準備？從產地反饋的訊息得知，在臺灣當有機驗證體系早已「壟斷」非慣行農法的話語權情況下，奉行 Environmentally-friendly/Ecological Farming 的小農擔心未來的生存條件是否會變得更美好，還是被有機農業體系壓抑的更嚴重？

從歐洲國家的成功經驗來看，Environmentally-friendly/Ecological Farming 背後是有很高「科技含金量」，特別是「與環境的友善連結」這麼一個從概念發想到實踐的過程，絕對不是土法煉鋼可以達成——如果，今天臺灣真的要發展一套屬於自己的 Environmentally-friendly/Ecological Farming 體系，必須要能夠有跨部會的資源整合，非單純由農政官僚體系獨立承擔。

信任：與消費者的連結

世界各國都一樣，有別於有機認證的友善／生態農法，因為沒有第三方認證體系，如何與消費者端產生連結去建立彼此間的互信，最終仍須社會公民團體的力道支持。當下因為網際網路的發達，讓這樣的連結較以往更為容易，建立消費者對友善耕作農法的認同與信任，永遠是最困難的課題。

在英國，為了扶持這樣的體系，提出了 LEAF Marque（Linking Environment and Farming）的標章做法，以彌補友善農法小農無法參與有機認證的缺憾——只要是符合了土壤、肥料、蟲害防制、污染防治的管理，導入所謂的農業整合管理 2.0 系統，降低對環境的衝擊，就能取得 LEAF 標章。特別的是，這不是一個被法令強制規範的管理認證系統，這是公民社會自發性力量的展現，彌補了有機認證申請高門檻的不足。

農政單位已出台《友善環境耕作推廣團體審認要點》及《有機及友善環境耕作補貼要點》，未來農民實施友善環境耕作，雖然沒有標章，但可透過隸屬的「友善環境耕作推廣團體」稽核管理後，申請補助。透過補助雖然可以擴大友善耕作的面積，但在補助的背後，如何讓「友善耕作農法也是一個有競爭力的農業生產模式」，這恐怕是更嚴肅的課題。

在農業全球化體系下臺灣農業的治理，補助已成為「必要之惡」手段，但補助如果只是擴大生產面積，卻忽略提升農業的產業競爭力——在缺乏其他相關配套思維下所形成的政策思考，最終落入數字管理的迷思，農民最終仍無法因為實行友善環境耕作讓自身競爭力躍升，藉此獲得更好的收益。

在法國，提出了**有競爭力與友善環境農法的三十項計畫**（**30 Projects for Competitive and Environmentally Friendly Farming**），名為「農業——創新 2025」（Agriculture-Innovation 2025）。計畫中明確指出全球農業當前面臨的挑戰：饑荒、面對開發中國家對動植物性蛋白的需求成長、減低環境的衝擊、降低食物碳足跡、氣候變遷的挑戰。這項農業創新計畫，大膽地提出法國農業必須優先面對的三大議題：**對抗氣候變遷、發展農業新科技、整合資源進行農業研**

究、實驗，並使農業更具有競爭力。

法國的農業創新戰略，就是一個立體化的農業思維治理。在三大優先議題下，提出了九大農業創新領域：農業生態、生物經濟、數位農業、機器人、遺傳學與生物科技、生物防治、開放式創新（Open Innovation）、農業經濟、教育訓練。在上述九大領域中，分別列出了三十項執行計畫。如此，勾勒出了法國農業面對有競爭力的友善環境耕作的完整思維。

《有機農業促進法》讓環境永續的概念得以落實。他山之石足以借鏡，必須有相關配套與資源整合，讓農業回到國家政策總綱領的核心位置，相信是這部法令未來實施後可以期待之處。

深思臺灣農業現況的另一深層結構性問題：地力的重新恢復

走訪臺灣西部沿海，從臺中、彰化交界的烏溪口一路向南，上萬公頃的魚塭眷顧了十多萬人的家計；西部平原再往內，從濱海公路、高鐵、國道一號、台一省、國道三號到台三線，城鄉交錯堆疊景緻不一，細心的過客、遊者會發現，荒蕪之地夾雜其間，當中更多的是已經無法耕作的地層下陷區鹽鹼地、或土壤酸化的廢耕地。臺灣國土的惡化情況，其病徵絕對不比農村勞動力下滑來的輕微，如何讓農業生產從土地開始導入新科技，使資源永續利用成為正循環，藉此「光復國土：恢復過去的充沛地力」，將會成為新農業變革的成敗關鍵。

一方土養一方人、安土重遷，是過去農業社會的寫照；對照今日，體現出古人遵循自然、友善大地、資源循環的硬道理。土地，做為滋養萬物的載體，卻注定在工業化進程當中，一再地被犧牲；農民，則在全球化浪潮下被淹沒！審視農業的未來，不得不從農地地力的恢復著手開展。

古人對農作的硬道理當中，「生態系」絕對是最核心的概念。上個世紀末，農民運動、環保運動興起，不僅自日本引進自然農法，開始有人從水稻田的耕作改變開始，「鴨間稻」就是一例；水旱輪作、魚塭混養等型態的出現，直到近來倡議的「養豬沼氣發電」等，都是彰顯人與自然之間的相互共生、共榮，更形成一資源再利用的循環生態系。

化肥、農藥、藥物（主要是植物荷爾蒙和動物抗生素的被濫用），早已滲入農作的循環。化肥造成土壤酸化是不爭的事實、農藥導致生物的抗藥性與環境二次污染、藥物殘留更侵入食物鏈的最高端再回到大地。這已經不是單一性問題，是整個社會是否承擔得起農地一再地被傷害之後「農業還剩下什麼？」的大哉問！

臺灣這三點六萬平方公里（三百六十萬公頃）土地，耕地面積約八十六萬公頃（農地利用情況：稻米約二十七萬公頃、雜糧七萬一千公頃、特用作物三萬一千公頃、果樹十八萬六千公頃、蔬菜十四萬七千公頃、花卉一萬三千公頃、牧草一萬五千公頃、畜牧用地八千公頃、魚塭三萬三千公頃）。兩千三百萬臺灣人仰賴的這塊國土，扣除將近二十萬公頃的休耕地，以及土壤趨向惡化的面積，還剩多少國土可以被摧殘？僅存的國土耕地，如何確保臺灣的豐衣足食？

啟動地力恢復的關鍵：土壤學與生物菌

生物菌應用於肥料中，已不是新鮮事；同樣的，生物菌應用在畜牧產業，也已成熟。問題是，臺灣有沒有辦法規劃出一個示範園區，透過生物菌做為改變土壤地力的「關鍵鑰匙」：養殖池採用魚蝦混養飼給含生物菌飼料；眷養豬隻食用養殖魚，取代黃豆、玉米為主食的習慣；豬雞糞用於沼氣發電，發電後的沼渣成為堆肥，豬液可為灌溉使用。一旦農作與養殖恢復天然不用化肥、農藥、藥物，廚餘才能真正成為豬隻的主飼料。

上述的農作循環體系如果建立，若透過小規模逐步推廣，臺灣的國土終能得到地力之釋放！

這樣的示範區，可以從沿海的養殖區開始做起，特別是擁有大面積魚塭的雲林縣，往東延伸有豐沛的蔬菜、水果、稻田、雜糧旱作，以及豬、雞、鴨、鵝養殖業的農業生產多樣性面貌。加上，雲林做為北臺灣最重要的農作生產基地的概念，也是市場最多元、最分眾的消費地，恢復地力後的農畜產品就能順利搭結產銷兩端，回到「以人為本」的自然農作，才有端上家庭餐桌的機會！

有機、無毒、零殘留！真的安全嗎？

在食品安全成為民眾與政府高度關注的課題下，強調有機、無毒或零殘留（不論農藥或抗生素）的食物（或食品），成為市場主流（或，這只是一種附庸風雅的時尚追求？）。但，剝離其中的行銷包裝手法後，這些強調有機、無毒、零殘留的食物（或食品）的原貌，對消費者到底還剩下多少的「可被信賴度」？如果不能回到食物（或食品）的生產源頭，回到農業生產的最原始：尊重自然規律的運行，非一味地相信人定勝天，在有機、無毒、零殘留等已經淪為「行銷噱頭」商業運行模式的情況下，「吃的安全」如何不再是華麗的口號，相信是不少民眾心中都有的迷惑。

上個世紀三〇年代，日本出現有別於「慣行農法」的「自然農法」，這種堅持讓生產回歸自然：好的地力、配合好的作物，在不施予肥料與農藥的情況下，生長出適應性農作物。不論是創辦者福岡正信，或是後來發揚光大的岡田茂吉，這套在臺灣依舊無法成為主流生產模式的「遵循友善大地」耕作法則，僅能在夾縫中求生存。

◌ 地力的耗盡

走訪臺灣的米倉嘉南平原，在鄉間夾雜的鐵皮屋間，大片的稻田正面臨人們摧殘。孕育兩千三百萬子民的大地，不僅有周邊工廠廢水污染的威脅，更有耕作者為求更大利益驅使下，榨乾每一寸土地。這片平原的地力，正逐漸地耗盡中。

從這個角度看，推廣自然農法，不施肥料、不用農藥的農作法，讓地力恢復、讓農作物恢復自有的生命力，確實有其必要性。問題是，農民為何仍依循慣行農法呢？筆者不只一次聽聞農民說：「今年他的稻作收成大好，就是他捨得下重肥。」但，不用再多問，下一回他的投資報酬率一定會急速下降。解決之道，就是再換一塊土地耕作，用同樣的方法，繼續摧殘它。

當然，也有一群年輕農民，或是堅持依循自然規律的老農，他們或因為沒有多餘資金購買更多的「重肥」，或因為耕作面積小也無力再搞大量生產，寧願不要更多的收成也要孕育出更安全的農作。

這終究不是根本解決之道，也無法仰賴少數小農去扭轉這個畸形的生產結構。

《無米樂》中記錄崑濱伯這樣的老農，可能再過十、二十年就不復見。農村真實的樣態是朝向農企業的分工模式，只要你有資本、有本事承租農地，自然會有一組專人承擔著插秧、收割的工作，期間甚至連施肥、除草、蟲害噴藥，都可外包請到專人處理。稻作因其生產模式演變出細緻的企業分工，其他的農作物生產像是蔬果類作物，也因為農村勞動力的不足，衍生出類似的專業分工，譬如說，採果、包裝的外包，也無形中墊高生產成本。

當農民（或者該稱之為農地管理者）與土地的感情連結愈來愈低，當農民必須更專注在控制生產成本，與農產品市場價格變化的時候，「榨乾地力」成為某些農民信奉的教條，地力也就在這一點一滴中，逐漸流失。

◌ 自然的反撲

地力耗損之外，農民還得面對的就是自然的反撲。筆者曾走訪日本青森縣的蘋果生產基地，遇上前一年氣候異常高溫，果樹生長過快，果樹生命力的過度消耗後，隔年收成大幅銳減三分之一。

人類無法面對自然力量的反撲，全球氣候異常是因為人類過度開發與能源的過度使用所致，自然的反撲，也就從土地生產開始，最終受害者，終究是人類自己。

不僅日本如此，臺灣到處可見這樣的自然反撲實例。在全球暖化的外部因素下，還有「過度消費」的內部因素，加速了農業生產模式的被扭曲，讓自然反撲的力道更顯強烈與不可測。

其中，最為明顯的就是漁業養殖。上個世紀八〇年代在南臺灣沿海盛行的草蝦養殖，因為高密度的養殖模式，草蝦感染桿狀病毒、弧菌及白斑病毒，摧毀了這個產業；爾後，導入夏威夷白蝦取代草蝦養殖，再一個十年周期又同樣因為養殖密度過高，又感染桃拉病毒、弧菌。這種重複的高密度養殖，過度生產的代價就是過度依賴抗生素藥物。在食安意識升高的情況下，養殖業者開始採用益生菌抑制病毒魚病，但終究是治標不治本的做法。

有業者推動異業結盟，與連鎖超商業者合作，販售有機、零殘留的生鮮農產品，但市場價格高出一般生鮮商品三至五倍的售價，未來推廣之路仍很漫長。如果沒有配合消費意識的提升與轉變，以臺灣目前消費習慣「俗擱大碗」來看，很難得到多數消費者的接受。

另一個必須被改革的對象是生鮮農產品運銷體系。強調有機、無毒或零殘留等驗證農產品，很難在主流市場的茫茫大海中，得到應有的市場價格。從政策面、執行面雙管齊下，讓農產品運銷體系遊戲規則，必須透過市場區隔讓小農生產可以進入體制內，或許方能達到事半功倍之效。

農業大數據是擺脫看天田的一個契機

愈往農村底層走，這樣的聲音愈是明顯：「無法度，天公伯要把收成給收走！」特別每逢接連豪雨，臺灣西部平原幾乎無一倖免。各項救濟措施，甚至農業保險的出台，都是為了減輕農民損失，如此年復一年的循環，農民似乎擺脫不了看天田的無奈！難道，沒有辦法利用現代科技做到事前防範？當世界各國開始重視與討論農業與資訊產業結合，透過農業大數據分析提供農民預警、預測、決策建議，已非天方夜譚。

◎新農業的終點就是建立智慧農業

農業大數據是建構智慧農業的底層結構。將此政策綱領放諸當前政府藍圖，正可呼應「五加二產業創新計畫」：物聯網（也稱為亞洲．矽谷計畫）、生物醫學、綠能科技、智慧機械、國防產業，加上新農業與循環經濟，新農業需要結合臺灣的產業優勢與強項。達到產業創新，農業大數據庫的建立不僅吻合當前施政藍圖，也是解決農民看天田的最佳解決方案。

依據農委會所框定的新農業：以「創新、就業、分配及永續」原則，透過建立農業新典範、建構農業安全體系及提升農業行銷能力等三大施政主軸，並推動十大重點政策，包括：推動對地綠色給付、穩定農民收益、提升畜禽產業競爭力、推廣友善環境耕作、農業資源永續利用、科技創新強勢出擊、提升糧食安全、確保農產品安全、增加農產品內外銷多元通路，以及提高農業附加價值，以打造強本革新的新農業。

要完成上述新農業十大目標，沒有精準的統計數據分析，仍持續依靠傳統舊思維是無法達成新農業的目標。從「傳統農業訊息轉換到大數據庫訊息」的概念，絕對不是一件輕鬆的工程，從農民生產觀念的更新、新科技導入與整合、農業管理人才的培育，才會有臺灣生產現況的系統分析方法論的建立。這樣一個長期且需持續性的工程，在氣候變遷的威脅下，是今天不做明天就後悔的大事。

◌ 農業大數據，是下個農業革命的起點

以美國這個農業強國來看，已經出現了以天候模擬為基礎，透過紅外線影像**偵測作物生**

物特徵（根部與土壤釋放的微量元素），結合地理資訊管理系統（GIS），將系統資訊整合演算出一套預估數據，透過手機APP程式傳遞給農民使用者，提供他們精準的施肥時機、降雨與氣溫預報、土壤成分與作物生長情況變化。除了以天氣訊息廣泛蒐集為基礎的農業大數據庫分析，還有針對播種最佳時機、農場管理模組化等，將農業計畫、生產、管銷到會計系統與農業大數據庫資料的整合，都已經是十分成熟的應用。這樣的應用，以美國的主要作物玉米、大豆為例，已經超過百分之四十五以上的農民使用這樣的介面服務。

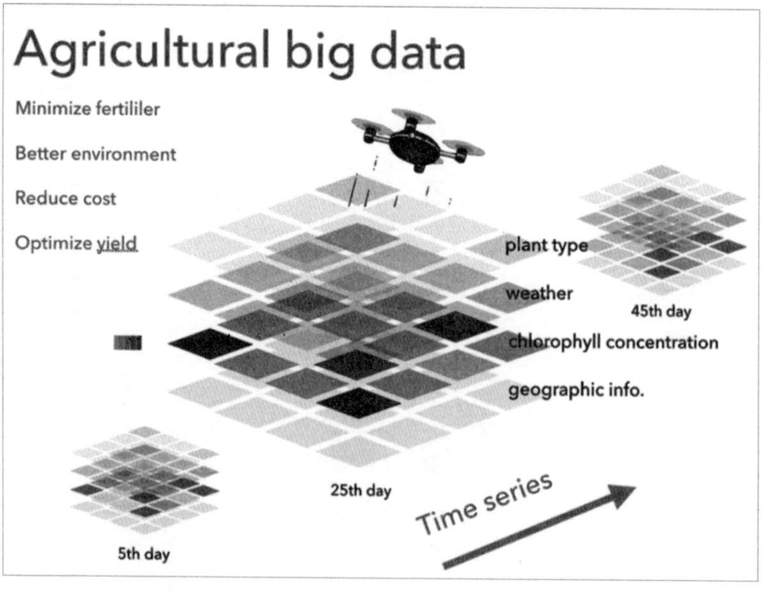

圖片提供：臺中市中都農業生產合作社馬聿安博士

當然，農業大數據這套技術，不僅適用於作物生產；對於牧場管理，根據美國當前成熟的技術，是把監測設備配帶在牛隻頸上，精準蒐集牛隻的健康訊息，或乳牛泌乳情況。更多新科技與新觀念的導入，包括訊息的雙向傳遞、個人差異化的管理模組，這些對臺灣資通信產業來說，並不是太高深的技術，關鍵在於「整合」，誰又可以點燃第一把火協助這個產業加大馬力向前衝？

由於五加二產業創新遲遲未見具體方案，有科技能力背景的小農，面對臺灣的氣候異常已成常態的情況下，只好自力救濟，建構適合自己生產條件的農業大數據庫。右圖呈現的農業資料庫蒐集與建立，與美國成熟的技術相比，一點都不遜色。同樣也是藉由地面、空中立體化的蒐集雜糧作物的生產情況，以紅外線遙測方式建立底層「田間色塊模組」，再配合系統數據分析提供農民生產者每一塊區域的「精準生長期程」，提供農民最佳決策的訊息。

傳統的農業生產統計，只具備了學術研究上的量化統計意義，不具備市場生產決策參考意義，也就和產銷訊息產生不了連結。農政官員在缺乏精準農業情報下，怎麼可能有辦法清楚掌握「農業生產現場／戰場」真實情況，去做出最佳決策判斷？因此，農業大數據庫的建立，不僅僅是為了個別農民生產者，一旦從下而上農業生產資料蒐集全面覆蓋後，農業大數據庫才得以建立。臺灣農業要脫胎換骨，也才具備了「強健體魄」去面對市場、氣候的變化與挑戰。

過去看天吃飯，依二十四節氣判斷播種、施肥、灌溉與收成，若能成功導入新科技提供更精準的生產訊息以供判斷，傳統農業面貌自然會起革命性的變化，傳統農業自可邁向精準農業、智慧農業。

智慧農業是一條不可逃避的道路

筆者走訪日本參訪位於琦玉縣的草莓農場「中村商事株式會社（Hiro Farm）」，其成功經營理念在於「從滿足市場端開始」，到「系統性整合各項生產數據」，最後回歸到日本的嚴謹民族性的管理風格，不僅造就了高產量，更創造了高品質，並整廠海外輸出到泰國。其成功要素貫穿其中的就是「智慧農業（Smart Farming）」這四個字。智慧農業勢必要成為臺灣農業轉型必經之路，只有更早沒有更晚，否則臺灣農業競爭優勢將被遠遠拋棄在後。

中村商事株式會社是日本首屈一指的「溫室草莓栽培模式農場」，其公司簡介中很明白地寫著，他們是從事草莓品種改良、栽培模式的建立、合理化設施投資、草莓生長模式監控、產期調節、整廠輸出國際行銷等的專業團隊。有趣的是，上述的每一個拆開分項，對臺灣農業研究單位都不是問題，但我們缺乏「系統整合」，乃至於對智慧農業的認知還停留在「氣候偵測、空拍機、大數據」的單點式思考。

比較臺、日兩國的農業先進性，差別不僅僅在於個別技術層面，是政府大談的「農業技術海外整廠輸出」落實能力！就與世界接軌層面來看，臺灣同樣也有引進「荷蘭式」設施栽培，但我們是否有能力使其「在地化」並轉化成「自主技術」後，向海外整廠輸出？這一點是臺灣目前發展智慧農業特別要關注的重點，也是未來臺灣農業轉型成功與否的重要關鍵。

從日本目前的發展趨勢來看，「有效的成功推廣」必須整合國內自身技術，並調整其「生產環境參數」符合在地條件。因此，我們從日本經驗得出，發展智慧農業的初始一定是

「推廣重於獲利」。筆者看到日本各領域頂尖企業，投入荷蘭式設施番茄栽培的教育推廣，成立了「Tomato Park」，定期舉辦農校學生的研習活動，並成立示範農場希望番茄農民能夠改變其現有生產模式。更重要的是，一樣以「滿足消費者導向」為出發，並精準地調控日照、二氧化碳、溫度、濕度、風、土壤等六大外部環境參數，使其生長達到「科學化程度的標準化」。

回到智慧草莓農場，一個可以獲利的智慧農業經營模式，已經在中村商事的Hiro Farm草莓園當中看到了契機。根據園主中村先生表示，在聖誕節檔期的草莓，早在一個月前就已經預定銷售一空；同一時間，海外整廠技術輸出的泰國廠，也達到同樣的獲利模式。這或許會讓很多喜歡吃草莓的臺灣消費者感到羨慕，因為經由智慧農業的導入，拉長生長週期與調控採收，使得日本幾乎全年度都可以吃到新鮮的國產草莓。

對中村商事公司，臺灣也是他們打算海外技術輸出的國家之一，也確實有找到南投的埔里，是一塊適合將日本這套技術整廠輸出的合宜地點。根據社長中村先生表示，選擇埔里除了絕佳的氣候因素之外，周邊鄰近日月潭風景區，有莫大的潛在觀光消費市場，也是他們認定的一個重要考量因素。從這一點來看，「生產區必須向消費地靠攏」縮短食物里程，讓消費者可以吃到最新鮮的農產品，也看出日本人經營農業的獨道之處。

最後來看臺灣當前對智慧農業的發展，不能說不用心，但如何鼓勵更多民間資源的投入，特別是把各個頂尖領域的技術、人才與資金，有系統性地整合到智慧農業的品種研發、生產管理，與通路銷售，看起來農政單位得更加把勁。除了在政策戰略高度的擬定上，必須更放寬法令限制，提供一個對智慧農業發展友善的外部環境之外，更須將資源放在鼓勵民間、協助青農的角度，設定好「以智慧農業為手段創造農業更大附加價值」為終極目標，相信臺灣智慧農業的發展終有一天可以趕上日本、荷蘭、以色列這些國家的腳步。

菜價
臺北農產
產銷大問題

菜價飆漲誰之過？

尋常百姓關心的物價，特別是敏感的菜價高低，背後原因到底是人為因素，還是結構性因素？

二〇一六年百年寒害過後，時任閣揆張善政視察北臺灣最重要的農產品批發市場：臺北市第一果菜批發市場時，說：「由於寒害，蔬菜價格確實有些波動，但過一陣子就好，因冬天蔬菜種類比夏天多，所以最近有什麼菜比較貴就別買，就吃別的。」

這句話從表面上解讀，並沒有太大的問題，卻禁不起考驗。原因是春節期間很多「年節應景用」的生鮮農產品，如果因為缺乏導致價格上揚，就不是採購其他品項可以彌補。以年節常用的**蒜苗，因供應量巨幅銳減，價格攀升到批發價一公斤破兩千元**；同樣屬於年節應景的芥菜，則漲了四倍之多。

再看看當時的菜價有多貴！到路邊小吃攤點燙青菜，老闆一定會告訴你沒有地瓜葉；更不要說傳統市場已經賣到一斤破百元；批發價則比往年同期的一公斤不到四十元，現在已逼近一公斤一百四十元之譜。小吃攤、餐廳沒有地瓜葉，消費者確實可以選擇當令的高麗菜、蕹菜，但年節需求大的蒜苗、芥菜，民眾恐得荷包失血還不見得買得到。

這種畸形的「產銷供給失衡」，其實已經不是一、兩天的事情！扮演全臺灣生鮮蔬果批發價格指標的臺北農產運銷股份有限公司所管轄的「臺北市第一、第二果菜批發市場（以下簡稱臺北果菜批發市場）」，每天清晨六點多完成當日交易後形成的「拍賣均價」就是當日盤商、零售商，甚至是出口商的價格參考基準。這也是為什麼每逢重大節日，國內行政首長、臺北市市長一定會親臨臺北果菜批發市場，視察供貨情況、價格是否穩定。

身為龍頭的臺北果菜批發市場，還提供了另一個佐證數據。將過去五年的「春節前兩週」臺北果菜批發市場平均菜價、到貨量做比較，可以發現許久沒有出現的「三字頭菜價」在二〇一六年一月二十四日超級寒流之後，開始破口。過去三年春節前穩定在十元、二十元的平均蔬菜批發價格，被這波寒害給徹底打亂；遠因則是二〇一五年九、十月分的連續颱風雨，打亂了產地的生產週期。

◌ 菜金菜土

穩定菜價成為高難度的工程，從結構上除了呼籲民眾避買高單價品項、期待復耕蔬菜能盡快上市之外，政府部門別無他法。

但實情真的如此嗎？

當時在臺北市成立「臺北農產運銷股份有限公司」經營「臺北市第一果菜批發市場」，引進日本的「共同運銷體系」經驗，以及「公開競價拍賣」方式，以公開透明決定農產品價格，並由公司擔保先向買方收取貨款，確保農民不用再擔心收不到貨款。

農產品批發市場成為一個「**B2B**」交易平臺，讓加入運銷體系的農民，透過這個平臺把貨品賣給臺北消費地的「承銷商」，承銷商再批售給下游零售商，形成一個完整的產銷供應鏈。這套機制得以運作四十年的核心，就是臺灣有建全的「農民組織（農會所屬產銷班、農民生產合作社）」，以及逐次建置的「農產品分級包裝標準化」，讓生鮮蔬果在這個「公開透明的交易平臺」中，達到農產品的快速流通，確保了商品的價值，與價格的公正性。

這個體系與機制看似完美無缺，但別忘了所有的制度都是靠人在運行，所有機制運行的良莠還是回到人身上。這套運行四十年的體系，其核心概念與操作流程沒有太大的修正，相關配套法令更是停滯在上個世紀。當氣候異常成為常態、當菜價異常波動陷入無解，在生產結構面臨調整的同時，最重要的中間環節——運銷體系，也到了非改革不可的階段。

從市場機制論，價格的形成「背後有一隻無形的手」，但在臺北果菜批發市場內就有**「一手扮演供應商、另一手扮演承銷商」的情況，他們決定了農產品市場價格的高低，而不是市場供需**。或是，在批發市場內進行所謂的「二次交易」，壟斷價格。

這幾年菜價崩盤已不常發生，一年近三百天的批發交易，也不太容易看到平均交易單價跌破十元以下。拜這幾年國人消費意識改變，多蔬果少肉，加上餐飲業活絡等周邊效應影響，使得生鮮蔬果價格已經看不到「十元保衛戰」。

農民因此不再害怕菜價長期低迷血本無歸。問題在「菜價穩定度」的巨幅波動，造成消費者與生產者的兩敗俱傷。在整個時序錯亂之際，誰都躲不掉氣候變遷帶來的影響，特別是農業所遭受到最直接的衝擊，對生產、消費兩端絕對是雙輸。農產品價格問題，就是「價格炒作」問題。

農政單位啟動擴大農作物保險，就是上述氣候變遷衝擊的因應之道。雖然初始階段保險業者配合意願相對不高，農民生產者觀望的也不少，但畢竟這是一種相對穩健的農業災害救濟措施；同樣的，農政單位也啟動了兩千公頃的防災型溫室計畫，希望能抵抗夏秋豪雨季節的葉菜類損失。因為計畫剛起步，成效很難立即顯現；農產品價格，特別是敏感性高的蔬果，波動幅度仍大。這就連結到另外兩個層面的課題：政府對市場價格的立場主張是什麼？農產品運銷的結構性問題在哪裡？

媒體談論農產品價格，太過集中在高敏感性的農產品；國人主食的稻米價格長期低迷，甚至飽受進口稻米的低價競爭，卻鮮有人關注；同樣的，佔國人主食一大半的雜糧與其加工品，更多的是仰賴進口，壓縮了國產雜糧產品的生存空間。消費者享受到低價的國產或進口農產品，但卻苦了小農；反之，當農產品價格的異常波動，瘦了消費者荷包，同樣苦不堪言！

位處槓桿兩端的生產者與消費者，政府公權力角色就是這個支點。不管「政府對農產品市場價格的立場」是什麼，在臺灣沒有民眾可以接受「政府是沒有角色的」，即使我們的經濟體制採行並側重自由主義市場經濟，但面對民生、壟斷性與公益性質的產業——特別是價格敏感性極高的農業——政府更是不可能撒手不管。政府公權力維持這個槓桿的平衡，讓生產者與消費者兩端能夠得到最大的平衡。

是什麼原因造成民眾對於農產品價格的「不滿意」？又是在什麼狀況，農民也跟著發出怒吼認為政府沒有照顧他們？答案就是「風不調、雨不順」的時候！有趣的是，當風調雨順，農產品價格不再暴漲暴跌，同樣有農民不滿！

農產品是民生物資，不是「金融市場的炒作商品」。農產品的合理利潤，是透過專業知識提升農產品附加價值所賺到的錢。但透過「不當手段囤積」掠奪暴利者，政府公權力難道要漠視不管？當前的法令，對於不當囤積農產品，特別是在「批發交易」這個環節動手腳的不肖盤商可以處罰的罰則相當地輕，以致沒什麼太大的威嚇效果。但也不能因此縱容公權力的不行使，放任價格異常波動；或訕笑公權力的伸張不力，藉此掩護價格的異常波動。

「菜蟲」二字已被濫用。在運銷過程中價格被動手腳的「暗步」也無法用「菜蟲」二字涵蓋。即使如此，也不能就此推翻了「政府公權力在因應農產品價格波動上的積極性作為」，面對愈來愈複雜的氣候變遷，農產品價格的起伏波動愈加嚴重，透過不當手段囤積去影響中間批發價格的空間也就愈大。不能以抓不到「菜蟲」合理化農產品價格的「異常波動」，這才是值得大家深思的。

農產品價格的起起伏伏

二〇一七年五月九日的媒體即時新聞，突然跳出一則「農糧署官員預估香蕉六月起恐面臨價格崩盤」，不到兩個小時後，中央社趕緊發出農糧署的更正稿指出「夏天是香蕉批發價最低時，估計今夏每公斤十二到二十元，仍高過監控價，沒有價崩」。十天後，南部蕉農破口大罵「官員一句話讓香蕉價格崩盤」，香蕉盤商收購價指標的中部地區，也藉機狠狠砍了收購價到每公斤二十五元，比五月初整整腰斬了一半。不到半個月時間香蕉價格直直落，農政單位緊急啟動應變措施。政府還有什麼手段，面對農產品市場價格這種可預期或不可預期的起起伏伏？

與預期心理的大作戰

農委會在歷經菜價連續飆漲的教訓，設置了「蔬果產銷資訊整合查詢平臺」，第一步先納入蔬菜品項。為因應這波香蕉可能出現的價格波動，已將香蕉加入系統查詢平臺。農委會也將逐步擴大監控機制，辦理香蕉商業保險，並窮盡所有方法促銷，包括輔導外銷、擴大行銷、企業訂購、產製加工品等，預計促銷二〇一七年六到九月增加的兩萬五千公噸香蕉。

早在初預警香蕉盛產之際，農糧署便主動拜訪全聯、全家等大通路商，從六月分開始的連續四個月，辦理促銷活動；也透過一千大企業、社會企業、國軍和其他通路商協助促銷，讓市場價格維持在農民可獲利空間。

這是一場與「農民、消費者預期心理」大作戰的過程。市場敏感度極高的農產品價格，特別是部分農產品會有「天災受損、農民搶種、價格崩盤、農民減產、價格上揚」的惡性循環。政府的角色往往很尷尬：做得太多，被罵干預市場；做得不夠，被罵無能！也因此，這種和「預期心理作戰」不僅吃力不討好，也很難獲得掌聲。

農糧署是在什麼情況下，決定發布香蕉價格預期「下滑」，但卻又被媒體解讀為「崩盤」，確實有該檢討之處。但，透過各種手段解除了「可能崩盤」的引信之後，透過資訊系統大數據平臺的分析，比對二〇一七年一月上旬到九月下旬香蕉「產量與消費量推估」，獲得當年產量比往年市場需求量多了百分之二十的訊息，固然顯示了系統的「預警性」發揮功能，但為何農民不買帳、盤商反倒藉此倒打農民一耙？**追根究柢，就是「農民生產者、市場消費者沒有集體生產、消費意識」，只能任由個別心理的博奕推倒了系統預警的成效**。

同樣都是預期心理作崇下，因為缺乏集體化的生產、消費意識，使得中間者的角色被放大——特別是像香蕉這樣的品項，盤商要冷藏、催熟，青蕉貨源掌握在特定大型盤商手上，政府政策與預期心理之間的博奕，不僅要謹慎小心也常常力有未逮。

合作社有兩種：水果「產地價格」崩盤的正確解讀

在解構合作社有兩種之前，還是得不厭其煩的說明，農產品價格形成過程中，特別是某些品項，如香蕉、鳳梨、芒果，有其產品、產期、產地之特殊性，所謂的「消費地農產品批發市場價格」並不具備「價格壟斷性」（耐儲運的大宗蔬菜亦然）。也就是說，某些蔬果的價格，產地會有自己的行情，並不會跟著臺北批發市場走。

香蕉需要催熟，個別蕉農很難投資香蕉催熟室，故控制香蕉產地量價的是擁有催熟室的大盤商。鳳梨因為管理容易，產地種植面積大，消費地不足以胃納的情況下，「產地盤商」應運而生。芒果也和鳳梨有類似情況，加上芒果有外銷日本為價格指標，頂級品「愛文芒果」價格通常跟著外銷日本價走。「雙軌制」就是產地盤商向農民的收購價格，與批發市場可以說是脫鉤。

◌ 受天災影響幾無商品價值

這也就解釋了為何鳳梨價格產地盤商以每臺斤一、二、三元向農民收購，臺北果菜批發市場的鳳梨仍有每公斤八～十二元的行情。金鑽鳳梨產地價格崩盤，另一個真相就是「端午節前開始接連豪雨，緊接著一個禮拜後烈日曝曬，致使受損之金鑽鳳梨產地價格崩盤」，這種俗稱「肉聲果」的鳳梨含水量極高已無市場商品價值，產地盤商收購後無加工去化能力，鼓動農民向農政單位訴求抗議。

這與前一波香蕉量產滯銷不同的是，需經催熟的香蕉在青蕉階段，農糧署即介入收購「規格外青蕉」，一次性從源頭剪斷過剩產能。雖仍遭農民、輿論不滿，批評介入時機過慢、手段過於激烈、或農民損失無處申訴等，但與這次金鑽鳳梨因豪雨烈日交錯下，價格低檔就出現在六月二十日過後的一個禮拜，之後採收的鳳梨產地價格已自然回穩。兩者差異在於，香蕉於五月分南部、中部蕉交疊產出，故政府不得不採取主動手段，鳳梨受異常氣候商品價格受損，價格崩跌的原因不同，處理手段自有差異。

「生意人／盤商」偽裝成農民組成產銷合作社，卻無法承擔此風險機制，實為市場價格秩序的破壞者。

農民合作社是農民擺脫盤商糾結，面對產銷失衡的一個重要基礎工程。個別小農缺乏產品市場議價能力，以組織化型態參加共同運銷體系，像是農會的產銷班，或是由農民自主發起組成的運銷合作社，目的是追求長期而穩定的農產品市場批發行情。產地盤商向農民收購，價格決定者是盤商；農民以組織化參加共同運銷，價格是由市場決定：關鍵是，好的商品自然在市場上會賣到好價錢，如此方能促使農民在田間管理技術上的精進。

仍有為數不少的農民，寧願把水果交給產地盤商，特別是像鳳梨、芒果這種量大、產期又長的水果，除了不願意多花費購置採購處理的相關費用，譬如包裝集貨處理所需的場地、包材與人力，甚至需要冷藏設施來調節供需。這些，確實不是個別小農、老農可以承擔——這也就是農民組織化之後，可以藉由合作生產、共同運銷概念來達成。

真正以農民為主體的運銷合作社，其社場專業經理人必須站在服務農民的角度，協助農民將農產品市場價格賣到最好，只收取微薄的手續費，並將社場多數利潤回饋到軟硬體設備的投資，譬如前述的選果機、包裝機、包材支出與冷藏運輸設施等等。相反的，以合作社之名行產地收購之實的盤商，採取銀貨兩訖、一手交錢一手交貨買斷型式，理論上「其產品末段銷售之市場行情風險」，就得自負，這種情況不論是農民或盤商，一個願打一個願挨。多數時候，產地盤商會犧牲農民利益來換取個人的獲利，農民只能任其宰割了！

周期性與結構性的農產品價格波動：從鳳梨價格走跌談起

產地記者發出的鳳梨價格重挫消息，好事者則加碼報導香蕉價格也走低，甚至傳出有海南島種植的「台農十七號金鑽鳳梨」搶走國內外銷市場訂單的假消息。不過，深究當下水果價格波動，周期性變動仍是主因，更需關注的是，生產面積擴大造成供給過剩的結構性影響。但，不論是周期性或長期結構因素使然，這波農產品價格波動背後，又有哪些鮮為人知的「系統性失靈」問題？

◌ 量價齊跌的怪像：氣候？消費疲軟？

每年清明過後，一直到端午節前夕，對傳統市場屬於「小月」；同一時期，就天候因素也是春雨、梅雨季，甚至早生颱風季節的紊亂週期。特別是水果多為一年生作物，如遇前一年冬季豪雨，或春雨提早（或延後），都會影響隔年（或當年）的水果生長週期。

二〇一七年從清明過後，進入長期無雨水階段，更恐怖的是五月下旬連創新高溫紀錄，不要說人受不了了，產地水果絕對像吹氣球一樣，長得既快又甜美（水果成長期如果雨水少，甜度自然就高）。縱使從屏東一路往北，高雄、臺南、嘉義到雲林，水果產期均已調節錯開，但大自然的反常，顯然再次讓農政單位措手不及，使得水果價格一路探底。

到底是西瓜大出便宜，使得消費者熱到只想吃西瓜，連帶其他水果銷量受影響？還是，產地瘋狂搶種使得鳳梨價格拉不起來？即使是這兩者因素交互影響，與二〇一七年同期量價相比（見圖表二），價量齊跌的現象仍很難找到真實原因。背後是否體現「消費力道」疲軟，仍需其他相關統計數據方能佐證！

從圖表二可知，清明過後水果到貨量（以臺北市第一、第二果菜批發市場統計數據為依據，是探討臺北消費地區買氣強弱的指標），與二〇一七年同期相比幾乎全面下滑七、八成以上（玉荷包也減收近六成）——雨水不來，也是產量萎縮的原因其一（豪雨造成農損，反倒使得價格飆漲）。依照市場供需法則理應到貨量減少會使價格上揚，但與二〇一七年同期相比，除了芒果這一品項之外，其餘主要國產夏季水果的批發均價，皆下挫十到三十個百分點，出現價量齊跌的現象。

◎南部搶種鳳梨，似已出現系統性失靈的前兆

從南部生產地傳回的訊息是，特別是嘉南平原的鳳梨種植面積不斷擴大，且一路從台三線丘陵地向高鐵兩旁平原地區擴張。受到上述國內價格周期性波動下跌影響，不少鳳梨田直接「廢耕」不採收。

這等現象卻被特定媒體引導成為「外銷訂單銳減，鳳梨價格崩盤」的邏輯。從官方統計數據，可以看出二〇一八年屏東地區鳳梨外銷（主要集中在清明節前後）整體數量仍正常成

圖表二：清明節後至五月底同期國產主要水果量價比較表（2017、2018 年）

產品名稱	2018 年批發均價	2017 年批發均價	價差	增減（%）	本週期 2018 年到貨量	本週期 2017 年到貨量	量差（公斤）	增減（%）
西瓜 大西瓜	11.20	12.18	-.98	-8.06	3,079,186	13,209,787	-10,130,601	-76.69
西瓜 黃肉	10.65	12.76	-2.10	-16.48	3,087,401	10,415,587	-7,328,186	-70.36
香蕉	17.10	25.44	-8.34	-32.77	2,537,954	16,938,336	-14,400,382	-85.02
鳳梨 金鑽鳳梨	22.92	26.74	-3.82	-14.29	4,516,336	15,340,191	-10,823,855	-70.56
鳳梨 甜蜜蜜	19.86	22.97	-3.11	-13.55	236,779	997,868	-761,089	-76.27
荔枝 玉荷包	87.40	100.66	-13.26	-13.17	302,810	692,283	-389,473	-56.26
芒果 愛文	70.94	59.17	11.78	**19.91**	1,338,383	6,754,451	-5,416,068	**-80.19**
芒果 金煌	46.00	37.88	8.12	**21.43**	157,542	1,196,090	-1,038,548	**-86.83**

資料來源：臺北市第一、第二果菜批發市場統計資料。

長，並沒有出現所謂中國市場萎縮的問題。特定媒體甚至以「海南島有綠營民代背景臺商種植金鑽鳳梨搶臺灣外銷市場」為操作，更是不知所云。從圖表三中可以清楚得知，二〇一八年同期與二〇一七年相比，仍是穩定的正成長，戳破國內鳳梨價格低迷與外銷出口之間的關連性。

生產端面積逐年擴大，出口過度依賴單一市場絕非明智之舉，一旦出現非市場正常因素干擾，產品出口受阻回銷國內，絕對會是雪崩式的價格波動。這時候，啟動農業國家隊資源絕對有其必要，如何布局其他市場，特別是日本、美西與加拿大等高端消費市場，除了要克服運輸期帶來的產品保鮮／價格比之外，還要

圖表三：二〇一八年一至四月鳳梨出口主要市場，與二〇一七年同期比較表

年度	國家別	鳳梨，生鮮冷藏	
		重量（公噸）	價值（千美元）
2017 年	總量	15,502	20,927
	中國大陸	15,151	20,463
	日本	336	440
2018 年	總量	18,252	25,037
	中國大陸	17,821	24,406
	日本	387	562

資料來源：農委會。

與其他國家，特別是跨國公司大軍團競爭。採取出口中國市場的金鑽鳳梨「品規更提升、價值更拉高」的兩手策略，「出口這把利劍」才能發揮其功效。

高麗菜成為期貨概念商品之後……

貴到嚇死人兩百元一顆的高麗菜，與產量過剩時加油還有高麗菜可免費拿，已不是新聞。但，鮮少人深入探討在價格波動外，做為「蔬菜之母」的高麗菜，其角色是「決定市場所有蔬菜價格高低的唯一關鍵」。不根本解決高麗菜價格巨幅波動，「穩定菜價」永遠只是政策口號。

在解構高麗菜價格真相之前，先來說明一下高麗菜的生產期與產地現況。

高麗菜又稱包心菜、結球甘藍，在臺灣可分為高冷地與平地兩大產地。高冷地高麗菜產期、產地，自每年清明過後，從宜蘭產區一路往上至臺中和平地區，由蘭陽溪底一路種植到梨山，約莫十月底結束。島嶼另一端嘉南平原，則利用每年二期稻作結束之後，自雲林、彰化、嘉義，種植到高屏平原，可供應至高冷地蔬菜產期開始為銜接。

高麗菜穩定、全年的供應，加上國人飲食習慣，從家庭餐桌到各類型餐廳，讓高麗菜成為必備。高麗菜豐富的營養價值，及過去一直以來的親民價格，高麗菜穩坐「蔬菜之母」當之無愧。

但高麗菜何以發生價格暴起暴跌，消費者吃不消，農民也受害？到底，問題關鍵在哪裡？

◌ 高冷地高麗菜的種植

農委會林務局東勢林管處在臺中梨山地區執行「國有林班地內超限利用種植高冷蔬菜收回使用權」，遭遇所謂的「農民抗爭」。但事實真相卻是，原本承租的老榮民多已不在人世，後續承租者不論是當地原住民或外來農民，也可能面臨資金周轉不靈。高冷地高麗菜的販售方式是，一箱二十公斤盤商以兩百四十元收購，加上包材、運費，平均一箱高麗菜運到平地販售的成本為三百六十元，農民實收兩百四十元。市場價格高與低與其無關的情況下，生意風險看似轉嫁到盤商身上，但如果農民收成量不足（受天候因素影響），總收入下降到某個數字，就會血本無歸。

這一季賠錢的農民，如果下一季仍要繼續耕作，在資金無處借貸走投無路的情況下，盤商就會「適時」出面扮演金主角色。久而久之，高冷地高麗菜農民就從「自主農戶」變成盤商的「工人」。盤商為了生產利益極大化，山林保育地的非法種植、土地超限使用，也就層出不窮了。

林務局推行國土保安政策，一旦多數高海拔非法耕地完成強制執行收回，夏季高麗菜供應勢必減少；加上這個季節遭遇颱風，警報一發布的消費者預期性心理、颱風過後的連續性雨勢、山路坍塌造成高山高麗菜無法運下山等因素交錯影響下，高麗菜價格立刻「跳升漲停」。如果颱風雨再把西部雲林、彰化蔬菜專區的「水菜類蔬菜」摧毀，大宗菜短缺、水菜類受損，市場供給急速萎縮，菜價高不可攀，也就不足為奇。

近幾年，氣候異常狀況益發明顯，加上高冷地蔬菜已經開始執行「退場機制」，眼光精準的高麗菜盤商，早已將操作手法轉為「期貨買賣」的做空、做多，高麗菜市場價格的生死，早已掌握在少數大盤手上。

農政單位如何面對因應？「滾動倉儲」機制是政府最常使用的手段！什麼是滾動倉儲？就是在高麗菜盛產期時，農政單位以公開招標方式，於高麗菜盛產價格低廉的時候，委請民間業者冰存高麗菜，再俟颱風雨季蔬菜價格飆高時釋出，以達平準物價之效。另外，二〇一九年年初，農委會也推出新版「高麗菜種植登記」制度，在面對產量過剩時可媒合加工廠或通路商以每公斤六元價格收購，避免價格崩盤。

過去，在日本江戶幕府時代，因為稻米價格波動劇烈，於是有了「用契約方式把未來的米先買下來」的買賣模式；當今臺灣的高麗菜，借用這種「期貨交易概念」，一手壟斷產地供貨，一手對賭未來市場行情。高麗菜對這些大盤商，已不是民生必需品，是他們掠奪暴利的生財工具。

回到市場需求面分析，以臺北市一天的蔬菜需求量來看，高麗菜佔百分之十五的供給量。也就是說，一天上百公噸的需求，決定了蔬菜平均價格的高低生死。這是讓高麗菜成為大盤商眼中的「期貨商品」的另一個外部結構因素。每天超過上百公噸的市場需求，不僅決定了全臺的高麗菜當日市場行情，也牽動了其他蔬菜品項的價格。政府公權力，難道真得束手無策，無法可管？

盤商會抱怨，這種期貨概念的操作與市場未來行情對賭風險極大，如果今年風調雨順，囤貨在冷藏庫的高麗菜可能慘賠；但盤商沒說的實情是，這種期貨概念操作高麗菜買賣，通常是賺一年可以三年賠，豈有不繼續玩下去的道理。

深層結構因素在於高麗菜的供應鏈，被少數幾個有實力的大盤給壟斷。他們有資金、有為他們「打工耕作」的農民、有佔地龐大且設備新穎的冷藏設施（讓高麗菜最長可冰存半年，更加大了高麗菜做為期貨商品操作的條件力度），當然，串起這個遊戲規則的背後，就是人謀不臧。市場高風險的生意，政府自然無權干涉過問，但如果將高麗菜這種民生每日必需物資變成一種賭博生意，任由這樣的遊戲持續坐大，恐怕政府就不能不干預了！

高麗菜能否回歸到正常農產品市場交易秩序中，就有賴政府公權力介入干預的決心。從細膩的產期調節、產區規劃，不以計畫性生產無以面對盤商的聯手壟斷。當然，這麼做也是第一步，整個產銷體系的盤整與改革，方是正本清源的唯一路徑。打斷盤商聯手壟斷操控高麗菜價格，不從此處著手改革，農民與消費者將永遠雙輸。

我們需要什麼樣的菜市場經濟學：從農委會對農產品物價的五支箭談起

面對菜價波動問題引發的紛擾，農委會出重手整頓，一連射出五支箭：**成立定價小組**、**建立耕種大數據**、**設立冷鏈體系**、**降低物流成本**、**協助農民銷售**，意圖建立市場交易秩序、重振消費者信心。我們要問的是：選擇一個什麼樣態的「菜市場經濟學」？

◌ 菜市場經濟學，是民生議題的最底層工程

過去新聞曾報導退休政務官終於有空閒上傳統市場買菜，才驚呼原來物價是如此！菜價高低不僅影響荷包，更攸關民眾心情的明暗——殊不知，菜價變貴的時候，連自助餐都有可能吃不起——「菜市場經濟學」最晦澀的一面，不在外部產業鏈，是每一位消費者心理因素一旦被撩撥，就會如洪水般集體爆發！

臺灣在媒體的推波助瀾下，消費者對物價集體情緒性的失控，屢見不鮮卻又束手無策。如今，農委會終於痛下決心，從菜價整頓出手。民生必需品價格的波動，是足以成為影響政權興衰的關鍵，自然不能等閒視之。農委會主委以政策高度射出五支箭來應對，絕對是正確的政治決定。接下來，不妨藉此機會好好思考，我們需要什麼樣的「菜市場經濟學」？

◌ 審視農委會的穩定農產品價格五支箭

農業生產不同於其他產業，最大的挑戰在供需的穩定性。不論因氣候變遷而起，或是因市場變化而生，農民收入來源就是農產品銷售所得。因此，穩定的農產品價格，不僅僅穩定了農民收入，也代表了整個產業結構面是否處於一個均衡狀態。

我們來一個個檢視：農委會主委表示不該由臺北農產單一拍賣市場決定價格的機制。就日本的經驗，生鮮蔬果的批發價格，確實不能只看「最大消費市場」，像是日本青森縣的弘前中央批發市場，就是一個標準的「蘋果產地價格決定者」。在臺灣，「產地批發市場」的地位，除了西螺市場對「產地蔬菜」尚有某種程度的參考指標之外，其於四十多家蔬果批發市場「幾乎沒有形成價格機制」的能力。

因此，農委會可以從「選定特定大產量產區的產地批發市場」，輔導其可以成為產地價格指標。舉例，高雄燕巢已經是「珍珠芭樂」的最大產地，燕巢區加上周邊從岡山、大社、阿蓮、田寮五區，已經成為全臺最重要的番石榴生產區。燕巢果菜市場，現階段並沒有辦法像青森弘前市場般，在產地就能決定批發價格，仍得仰賴最大市場臺北市第一果菜批發市場的拍賣價；但如果能提升產地批發市場的軟硬體設施，擴大服務通路，假以時日確實能夠起一定的「價格指標功能」。

類似的改革道路，絕對不是一蹴可及，像是農委會的第二支箭：是建立耕種大數據，道理亦然。在西部平原的生產專區，已經有不少創新科技團隊進駐，與青農、地方政府或農民團體合作，進行區域性、特定作物的空拍，結合地理資訊系統、氣候數據資料庫，找出對農民有利的田間管理模組建議，降低市場不確定風險因子。

將整個農業大數據的建立拉高的中央層級，已為「農業未來創新道路」跨入艱鉅的第一步。如果能以此為基礎，將農業大數據資料庫進一步規劃整體農業耕作生產模式的底層資料，才能以科學管理取代看天吃飯。

◌最大亮點：冷鏈＋宅配體系的建立

冷鏈＋宅配體系絕對是與消費者最直接，也是最有感的政策，當然，農民一定是直接受惠。長期以來，民眾必須忍受傳統市場的髒亂與不便，但對於超市所販售生鮮農產品的接受度，又礙於消費習性與價格因素，使得傳統市場依舊主宰生鮮農產品通路的最末端。

如今，由政府號召建立冷鏈＋宅配體系，找來國營企業中華郵政的助陣，加上從生產端源頭，逐次建立起恆溫層的冷鏈系統，最大的創新出現在「生鮮農產品的附加價值提升」。

這一點，在多數國家早已實踐，臺灣卻始終很難跨越——特別是在熾熱的夏季，各種生鮮農產品在常溫狀態下南北運輸，其安全性根本是拿消費者的健康在對賭——如今，冷鏈＋宅配終於成為政策高度，生鮮農產品的物流完成最後一哩的銜接，相信接下來很快就會影響消費者對傳統市場的依賴，傳統市場也勢必得從硬體、軟體面打掉更新，方能跟上進步的腳步。

農委會主委的第五支箭，協助農民對農產品銷售，主要是針對新南向國家市場，也是未雨綢繆掌握市場風險分散的必要手段。縱使臺灣不少農產品與新南向國家的同質性偏高，但橫跨熱帶到溫帶作物的臺灣，終究是一個擁有得天獨厚地理條件的生產寶地，如能以國家資源投入進行新南向國家的市場調查，再輔以農業國家隊的領頭角色，讓有國際市場競爭力的農產品，以及農業技術輸出，方能取得市場一席之地。反過來，也才會成為穩定國內農產品物價的「調節閥」，達成第五支箭的目的。

審視五支箭，可以從中描繪出「菜市場經濟學」的一個輪廓，那就是：對消費者不該再以「物美價廉」為唯一標準採買農產品；農民不再是生產者，必須以產品附加價值創造者自居；政府終究要退出市場干預，由「健全的產銷體系（建構在冷鏈下的體系）」來決定農產品市場價格。當農產品價格不再出現「巨幅波動」，且「短期波動」不再成為媒體追逐頭條的那一天，就是菜市場經濟學建構完成之日。

打破封閉性 以創新重建農產品運銷體系

在臺灣，以蔬果批發市場扮演的角色最為吃重，原因在於蔬果品項高達上百項，個別產品的差異性大，市場價格的形成，因不同產品的特性不同，有其不同的微妙變化與運作巧門。批發市場的封閉性必須被打破，產銷問題也就解決一大半，也才能回應農民的心聲。

一九七〇年代，臺灣自日本引進了農產品批發市場的「公開競價拍賣」機制，轉眼四十年間，除了在交易過程中將過去傳統的「人工輸入交易紀錄」改為「電腦資訊化平臺」之外，整個運作體制並沒有太大的變革。從生產端的角度來看，批發市場的成立，為配合其特殊、封閉性的交易模式，農政單位四十年來透過農民組織的「產銷班」精進了農產品「分級包裝」的標準化，蔬果批發市場這樣一個重要的交易平臺，對農業改革貢獻除此之外，別無其他！

臺灣取經對象的日本，其農產品批發市場早已進入「棧板作業」取代人力搬運，批發市場作業流程，也因為生產者產品標準化的一致性，得以大幅簡化，縮短批發交易時間。提升效率的結果，就是讓農產品的流通更為快速，農產品的市場末端價格，得以獲得更高的保障；同時，日本也強化、分流「產地、消費地」的批發市場經營型態管理的差異化。在官方監督、民間經營管理的雙贏理念下，讓交易平臺朝向開放性，逐步摒棄「貨到進場」方稱之為批發交易的傳統觀念，朝向以「媒合」生產者與消費戶之間的農產品訊息流通，促成交易。

反觀臺灣，蔬果批發市場的運作除了耗費大量人力不論，整個交易流程耗時甚長，交易資訊的透明化程度依舊不高，宣稱所謂的「電腦拍賣」依舊是人在決定產品價格，只是透過液晶螢幕或電子看板公開每一筆交易紀錄。此等交易模式對於小批量、產品差異性高的蔬果，確實可以達到「質優價高」的市場價格供需法則；但一旦遇上了大宗蔬果，或是品質差異性不高的蔬果產品，這樣的交易模式就容易滋生弊端。**運銷體系封閉性，就因為「少數人把持特定農產品交易遊戲規則」下，或是因為批發市場這種特殊交易模式所產生「結構性封閉」，讓外人很難一窺其貌，進一步破壞農產品市場交易秩序。**

回到法令面的探討。《農產品市場交易法》為農產品批發市場的經營母法；《農產品批發市場管理辦法》為其子法，規範了批發市場的組織編制與運作模式。

從母法精神來看，迄今為止農產品批發市場仍強調「政府公權力介入」的公共服務性，原因就在於農產品批發市場的成立，有一重大功能就是「決定農產品市場價格」。農產品的價格形成，既是高敏感度，也是高風險，如果交易市場這個平臺不能扮演起「穩定價格」的功能，反倒是助長「價格暴起暴跌」的幫兇，這就與法令上明訂了農產品批發市場是「公用事業」、「不得以營利為目的」的立法宗旨相違背。

農產品批發市場「公用事業主體」的宗旨精神，似已蕩然無存！過去一段時間，全臺最大的農產品批發市場——臺北市第一、第二果菜批發市場的上層結構，淪為派系、家族、市場菜蟲所掌控。所幸蔡政府上臺後堅持改革，才讓這個情況有所改觀。

不打破當下批發市場交易模式的封閉性，不足以徹底改革農業最重要的「中間環節」，也就無法透由建構全新的「產銷鏈」進一步導入物聯網、雲端機制、電子商務與第三方支付平臺。一如四十年前，批發市場成立之初，觸動了農民生產端的「下一波標準化」，打下了今天的農產品分級包裝的基礎；四十年後，當科技不斷創新、載體不斷進步、市場交易模式不斷變革的年代，固守四十年前的交易模式，還能支撐多久？這樣的支撐，仰賴的不過是「血汗勞力」的基層勞動者的健康付出所換取。這樣一種交易型態再不思變革，絕對會成為新政府新農業的最大阻礙。

農產品批發市場的本業，是促成產地農產品進入消費地的流通快速性，以及形成市場價格的機制性。但在此本業之外，更須扮演更多的社會責任，以吻合批發市場成立宗旨的公用事業精神。

從此角度觀之，農產品批發市場的改革，打破封閉的首要之務，就是引進外部監督力量，讓更多關心農業的公民團體進入，從生產質量安全，一路到價格形成是否真正公開透明，進行有效的內外部監督；另一方面，在食安意識高漲的年代，批發市場這樣一個交易平臺，必須將其「平臺機制」朝向開放性與多元性，並導入「食農教育」擴大交易平臺的多功性，也是打破封閉的重要一步。

農產品運銷體系的透明度愈高、中間管理流程簡化度愈高，對農產品的流通效率以及價格形成的公正性，就會有愈高的保證。可惜的是，四十年來全臺最大的蔬果批發市場，不僅錯失許多改革機會，還一度朝向更封閉性管理模式，完全置社會潮流於不顧，也無視新政府對新農業策略的腳步。

在此引用日本政府對農業改革的一段報導：「為實現『進攻型農業』的目標，日本政府成立了**官民一體的『運銷組織』，該組織中有觸角廣泛的大型綜合商社，還有實力雄厚的運輸和快遞企業，並邀請經驗豐富的廣告公司參與**。該組織已經在中國香港和新加坡建立了大型農產品集散基地。日本政府的策略是，在廣泛宣傳『日本料理』的同時，將日本的農產品推廣到世界各地，其目標是將二〇一〇年四千五百億日元的農產品出口額擴大到二〇二〇年的一萬億日元，使接近夕陽的日本農業從擴大出口中獲得新生。[1]」日本能，臺灣呢？

微觀日本農業：從批發源頭到通路末端

二〇一六年二月十二日，全新的日本九州「福岡中央青果批發市場」，於福岡市郊東北方海埔新生地啟用，成為全亞洲第一座「密封式恆溫青果批發市場」。另外，早已成為觀光景點的「伊都菜彩」，位於日本九州福岡市郊不遠，這間由「JA系島」委外專業經營的超市，強調「地產地銷」的「產直市場」，不僅實踐了「從產地到餐桌」，更將「在地經濟」發揮到極致。從源頭到末端，日本農業正起了微妙的變化與革新，看得出日本農業在亞洲領頭羊的地位與企圖。國情、農情相近的臺灣，更要見賢思齊，從別人成功經驗的細微末節之

1　十多年前日本青森農協為了推廣日本品種山藥，特地組織大規模的促銷團，教導臺灣餐廳如何料理風味獨特的日本山藥。如今，臺灣餐廳、市場，已隨處可見來自日本北海道與青森縣產的山藥。

處，找出問題的解決方案。

身處日本九州最大城市的福岡，其人口規模與臺北都會區相當，蔬果批發市場同樣擔負起福岡縣五百多萬常住人口的每日生鮮所需。如何提升農產品的流通速度，讓居民享用到更新鮮、更豐富以及價格更穩定的蔬果農產品，就必須透過有效率管理的農產品批發市場來達成。

恆溫批發市場 黃金供應鏈

恆溫批發市場，不僅創新了農產品批發市場的管理模式，日本的管理者，則稱之為生鮮蔬果的「黃金供應鏈」！

依據福岡市政府（福岡縣廳所在）二〇一二年的規劃，利用該市東區的一處海埔新生地的物流園區，重新規劃興建了佔地約兩個巨蛋球場面積大小的全新「福岡中央青果批發市場」，將原本分散於福岡市區的三處青果批發市場，一次性集中管理。同時，也創全亞洲先例，建置了超過一萬三千平方公尺的生鮮冷藏庫（比福岡舊中央市場多出一倍面積），實踐了「密閉式恆溫批發市場」的全新管理模式。

因為有了這一萬多平方公尺面積的冷藏庫，福岡中央青果市場的管理者，採行了「一對一銷售（臺灣稱之為預約交易或媒合交易）」與「競價拍賣」兩種模式並存，但前者所佔交易量達到九成，農產品到場公開競價拍賣的僅僅佔一成。這不僅大幅減少批發市場的管理人力與現場作業時間，也因為透過批發市場的媒合，將來自日本各地的生鮮農產品，透過福岡中央市場這個「恆溫」交易平臺，轉發到客戶手上。

臺灣的消費習慣仍無法像日本「走入超市」，所謂的傳統市場在日本都會區街道巷弄幾已絕跡，市區周邊的農業鄉鎮則遍佈「農會市集」以及農會委外經營的「產直市場」。兩者互不衝突，卻又能對生產者形成互補效應的通路體系。

◌ 將批發市場納入物流園區的戰略思維

大型通路服務的客戶，都是連鎖超市、蔬果截切場等「業務用型態」的蔬果，建立「全程恆溫」的物流鏈，至為關鍵。位於此連結核心樞紐的農產品批發市場，自然得跟上腳步，朝向現代化物流管理模式，擺脫過去傳統批發市場的經營理念。

對於農產品批發市場管理觀念上的突破與邁進，是當前臺灣最欠缺，也是造成臺灣生鮮蔬果價格異常波動、價格無法穩定的根本原因之一！

批發市場設立的核心目的，就是穩定農產品市場價格。從福岡中央青果批發市場的恆溫管理模式經驗學習到，當市場消費型態、產銷供應鏈型態改變，臺灣的批發市場管理者，必須隨著調整心態，不能死守四十年前的管理模式，刻意忽略了臺灣早已經普遍存在的「產地直銷、團購、網購、電商」等新型態通路。

再深入探究福岡中央市場的「恆溫物流」概念，當一個生鮮蔬果批發市場「撐起」了整個物流鏈的最核心——建置了大面積的恆溫冷藏設施，批發市場就已經站上了買賣雙方的制高點——有能力胃納更多量、更多品項的產地蔬果產品進入批發市場「中轉」，也讓市場盤商得以一次性滿足他的採購所需。

因為生鮮蔬果在最適應的溫度下保存，商品銷售壽命得以延長，批發市場掌握了「調節市場供需」的主動性。當生產過剩或消費需求出現異常，「恆溫批發市場」推高了批發市場的制高點，讓市場管理者得以綜觀產銷兩端的真實情況，同時藉由「恆溫批發市場」握有更多產品為籌碼，進場調控農產品市場批發價格。

◌ 落實地產地銷的產直市場

在源頭端以全恆溫物流實踐了生鮮蔬果的「黃金供應鏈」，在最末端，同樣受政府輔導規範的農協則將產銷通路的「末端神經」給打通。藉由「產地農民市集」與「產直市場」的雙軌，補足了系統性的不足。產地市集與超市的可貴之處，就在於農協將所服務範圍內的小農生產者的農產品集結，小農因此不用擔心自己所生產的極小量農產品進入不了體系的「黃金鏈」，無處可賣。

農會市集與產直市場的另一特色，就是沒有中間運銷環節，因此商品價格比超市通路低三分之一。透過環節的省略直接反應在產品價格上，自然吸引了人潮，也就自然達到了「地產地銷、在地經濟」。但可惜的是，臺灣擁有強大的農會體系，但卻撐不起這樣的結構，令人惋惜！

建構新型態的產銷鏈，要從源頭批發市場管理模式的大改革，到末端通路營運模式的大改造做起。透過這個平臺的支撐，扮演市場情報的提供者，提供農政部門生產與消費的真實數據，再反饋成為政策制定的參考依據。從日本福岡的經驗可以確定，未來臺灣農業改革的啟動，「產銷黃金鏈」的建構絕對可以成為農業改革的重要參考經驗。

《築地市場的一天》給了我們什麼啟發

位於日本東京中央區，國人十分熟悉的「築地市場（Tsukiji Shijō）」，於二〇一八年搬遷到江東區豐洲，日本放送協會（NHK）特別製作了《Tsukiji: Inside the World's Largest Fish Market》紀錄片（公共電視臺於二〇一七年首播，名為《築地市場的一天》），近一小時的影像，除記錄築地市場一整天的營運，更介紹了築地市場的歷史、經營理念、對生態環境與氣候變遷的因應，可說是一部發人省思的好片。無獨有偶，臺北市政府即將要啟動臺北市第一果菜暨魚類批發市場的改建，柯市府團隊如何為大臺北地區留下一座市民與農民雙贏的「首都批發市場」，不要讓耗資一百四十餘億元的市場成為「大巨蛋第二爛尾樓」，這部紀錄片中有許多足堪借鏡之處，提醒柯市長別再重蹈覆轍。

◌是什麼樣的信念，撐起了全世界最大的魚類市場

創建於昭和十五年（西元一九三五年）的築地市場，總面積達二十三萬平方公尺，區分為「場內市場」與「場外市場」。一般遊客前往築地市場指的是「場外市場」，也就是所謂市場旁的商店街，這支紀錄片則記錄場內市場每天的魚貨批發交易情況。

築地市場是全世界最大的魚市場：每日平均交易量一千七百公噸（以尾數計算超過數億尾之多），交易額為十五億日圓，匯集了一千八百臺「Turrel（電動車）」、八千輛物流車、一萬名的魚類專業人士、三萬名的買家。二〇一六年的年交易金額達五千億日圓，有超過五百種的魚類進場交易。能夠創造如此高額的交易，仰賴的就是一種日本特有的「競標制」，每幾秒鐘就能完成一筆交易。

批發商、中間商、買家，這三者構成築地市場的「生命共同體」，也是因為這個生命共同體，讓築地市場得以運行超過八十年，領先全球成為世界最大魚市場的關鍵。這部紀錄片，詳實地透過築地市場一天的運作，將築地批發市場內的七大水產批發商（及其員工）「眾卸（Nakoudo）（行口、中間商）」與買家的互動——所謂的命運共同體，如何將築地市場賣出的魚貨，透過這樣環環相扣的專業服務，逐漸提升這些魚貨的附加價值。

◌ 築地市場的特色：鮪魚競標

「競標制」是批發市場維持其價格公正性的重要機制之一。築地市場最為人津津樂道的，就是鮪魚競標。影片中，短短幾秒鐘，一尾數十萬日圓的鮪魚就完成交易，也因為如此快速的交易速度，才能吸引更多的供應商把好的魚貨送到築地市場來。因為築地市場是全球最大的冷凍鮪魚批發交易市場，也促成了鮪魚中間商為海洋生態教育付出，得以讓海洋生態永續。築地市場內的每一分子，默默地為公眾利益付出，這些都是觀光客在參觀築地外市場時，看不見的部分。

「議價交易」是築地市場的另一種批發交易型態。針對高單價、稀有的水產品，批發商會訂定一個底價，代表漁民向中間商「推銷」這些稀有的水產品，保障了漁民的收益。同時，面對氣候變遷造成的農水產品的供應不穩定，批發商如面臨颱風等的供應量不足、價格飆漲的情況，要如何讓漁民有獲利、消費者荷包又不大傷，除了「專業」兩個字，最後一位資深批發商所說的話，更充分體現了另一件更重要的事，他說：「**我們的責任是，必須代表那些沒辦法從海邊來的漁夫，代替他們向顧客們推銷說，有捕獲到這樣的海鮮喔！**」、「**我每天都會說，要認真賣才行喔！好讓漁夫們，願意繼續送海鮮過來**」。

以上這段自白，點出了日本築地市場經營的核心價值：做為批發市場的經營主體，要優先想到農漁民生產者的獲利。築地市場的另一個重要支柱：中間商，他們的核心價值，就是如何把批發來的魚貨，用其專業手段分切包裝，讓買家可以買到他們心目中想要的魚貨。最後一個環節，批發市場的買家，從中間商所提供的各式新鮮魚貨中，去變化烹調出最美味可口的海鮮料理——這就是影片中所要傳達的，產品的附加價值被逐漸提升！

◌ 他山之石：臺北市批發市場的改建

臺北市市長柯文哲拍板定案，位於萬華華中橋頭河堤邊「臺北市第一果菜批發市場」將耗資一百四十餘億元預算啟動改建，為了降低改建期對攤商營運的衝擊，將借隔壁的臺北市魚類批發市場空間，一併改建。首先，這種「穿西裝、改西裝」的改建模式，說穿了就是一種「以硬體思維主導改建」，欠缺了對市場經營管理核心價值的建立。

對於一個營運超過四十年的老市場，不應只是硬體的改建，批發市場位於「生產者與消費者之間的角色扮演」，柯市府團隊是否有過進一步的深思？改建完工後，是一棟外表富麗堂皇的「硬建築」，還是充滿特有風味底蘊的「新市場」？是一個以管理完善見長、交易更公開透明的首都批發市場自居？還是因為長達七年的改建工期，搞到最後像大巨蛋一樣的爛尾樓？

改建完成之後的臺北市第一果菜批發市場（如果順利於七年後完工啟用），市場管理者（臺北市政府）是否說得出這個新市場的經營核心價值是什麼？市場內工作的每一分子，是否都有著為農民生產者利益做出最大貢獻的想法？攤商、市場管理者、農民，是否彼此知道為生命共同體？

自稱智商超高的柯文哲市長，能否在果菜批發市場啟動改建之前，對上述這些關鍵問題，給出一個完整答案？身為小市民的我們，就拭目以待了！

豐洲市場啟示錄

二〇一八年十月十一日營運的東京都豐洲市場（Toyosu Shijyō，豊洲市場），做為東京都中央批發市場之一，[2]其前身築地內市場以鮪魚拍賣著名，築地外市場更是旅遊者的美食

---

2 日本東京都計有以下十一個中央市場（Tokyo Metropolitan Central Wholesale Market）：Tama new town、Setagaya、Itabashi、Toshima、Yodobashi、Kida Adachi、Adachi、Tsukiji、Shokuniku、Kasai、Ota及新啟用的Toyosu。

朝聖地。全新營運的豐洲市場能否擔綱起過去築地市場的角色，對於正處於改建歷程階段的臺北市第一果菜批發市場暨魚類批發市場絕對是一個值得借鏡的市場遷（改）建案例。豐洲市場歷經風波如今終於風光開幕，它帶給臺北市政府什麼啟示呢？

豐洲市場計有十棟大樓，並有東京都百合鷗號地鐵（濱海線捷運）經過，整個市場區分為「水産仲介批發賣場樓棟（水産仲卸売場棟）」、「屋頂綠化廣場（屋上緑化広場）」、「管理樓棟（管理施設棟）」、「水產批發賣場樓棟（水産卸売場棟）」、「果蔬樓棟（青果棟）」。筆者參訪當日，地鐵列車行駛到「市場前站」帶來了一波波的遊客與見學者，熱鬧活絡程度讓人看不出是一個剛啟用一個月的新市場，同行的參訪者形容「**彷彿在機場大廳 Shopping 的舒適**」。

豐洲市場給臺灣最大的啟示，筆者認為有以下幾點：一、體現東京都政府的執行效率與魄力；二、綜合型農產品批發市場的一次性規劃到位；三、青果部的全溫層自動化物流管理令人驚艷；四、結合觀光與周邊開發的整體都市計畫；五、提供產地到餐桌的全方位安全供應鏈；六、體現市場自由化競爭下的管理營運進步性。

◌豐洲市場體現了以下幾點進步性特色

一、確保食品安全、放心：豐洲市場充分利用閉鎖型設施的特點，可對每個區塊進行適合商品特性的溫度管理。除此之外，還能抑制外氣、蟲和塵埃的流入，並且，在衛生管理方面也充分的重視。

二、積極開展節能活動，重視環保工作：充分利用都內規模最大的太陽能發電等自然能源，同時引進了外氣製冷系統和 LED 照明等節能設備，還進行了綠化。

三、實現高效率的物流體系，應對新的需求：通過在地批發場地和中間批發場地附近配置停車場域和貨物分發區域，實現了通暢的物流。另外，還有完善的加工包裝設施，就地加工、細分和包裝等，滿足來自專營小賣店、食品超市等的需求。

四、與地區通力合作，創造出蓬勃向上的活力與熱鬧歡騰的氣氛：除了建造千客萬來的設施之外，還對外開放屋頂綠化廣場，與豐洲地區外圍的豐洲公園連成一片，積極創造出地域的商業氣息。

回頭看我們的臺北市第一果菜批發市場改建案，對照二〇〇四年東京都廳擬定的築地市場搬遷《豐洲新市場基本計畫》開始，大約十年時間即已完成軟硬體工程（後因豐洲新市場用地前身東京瓦斯有土地污染疑慮，東京都知事小池百合子決定用兩年時間將土地與地下水污染問題解決，因此延後了築地內市場的搬遷時間）；臺北市第一果菜批發市場的「改建案」，則是歷經三任市長、超過二十年的規劃，迄今「完成紙上談兵」卻因沒有進行環評工作繼續延宕，真不知未來動土完工日期要拖延到何時？

另外，最讓人擔心的是，臺北市第一果菜批發市場暨魚類批發市場的合體改建工程，因市場腹地不足之故，採取上下樓層規劃：下層為零批場、上層為批發市場的立體化動線，未來必定增加管理上與工程興建的難度。整個改建並非採「市場遷建」思維，注定了未來臺北市第一果菜批發市場暨魚類批發市場硬體工程完成的「期程過長」、「繼續佔用市中心核心地段影響都市長遠發展」、「改建完成後營運管理成本增高」，這三大難題勢必無解。

北臺灣生活圈必須有戰略高度的「首都級農產品批發市場」，在臺北市已無合適場地遷建的情況下，勢必要往大臺北周邊邊陲土地另闢蹊徑。目前來看，新北市八里臺北港物流園區其地理位置，最適合做為首都批發市場的遷建地點。在地方選舉結束、二〇二〇年又開始總統大選競選活動之前，中央與雙北市府有必要坐下來好好針對此事盡速達成協議，莫讓臺北市第一果菜批發市場暨魚類批發市場改建，成為爛尾樓工程。

豐洲市場的遷建成功經驗擺在眼前，就是都市核心土地勢必要釋放。築地外市場仍保留於東京都中央區銀座商圈隔壁，但築地內市場（批發市場）遷建到海埔新生地的東京都江東區豐洲，這樣一個分流概念，也同樣可以套用在臺北：**將原本第一果菜批發市場與魚類批發市場，配合都市規劃保留部分區域改造為生鮮蔬果觀光市場；雙北生活圈所需的一級批發市場（等於日本東京都的中央批發市場）仍需另覓場地。一次性完成遷建，才是根本解決之道。**

至於豐洲市場先進與進步的管理技術，特別是冷鏈物流與全溫層自動化倉儲的導入，更是潮流趨勢，這是臺北市市場改建過程中，極度欠缺的觀念。如果就現有的改建方案依舊無法達到這樣的水平，臺灣的農產品批發市場管理，依舊落後於先進發達國家十至二十年的落差，這對於達到「食安高標準」絕對會是一大諷刺，主政者不得不慎。

豐洲市場歷經波折終於取代歷史悠久的築地市場，相信同樣為全臺最具歷史與規模的臺北市第一果菜批發市場暨魚類批發市場，奉勸主其事者臺北市政府在啟動改建之前要多參照他國的成功經驗，切莫閉門造車，遺憾終生。

建構大批發市場之倡議：藉日本農產品批發市場管理經驗為師

攸關大臺北地區七百多萬常住人口的每日生鮮蔬果、肉品供應的「農產品批發市場」，在歷經四十多年的營運，已經到了不改革不行的十字路口——不論是都市發展的搬遷改建壓力，或是產銷通路多元化的競爭——從日本的經驗發現，導入現代化物流、往都市周邊搬遷集中管理，已是唯一的選擇。以臺北市、新北市為例，就有四個蔬果批發市場，雙北首長應放棄本位主義，研議可長可久的一次性解決方案，導入現代化物流管理，穩定大臺北地區民生物資供銷，方為民眾之福。

為何有農產品批發市場的成立？一九七〇年代行政院規劃的是「臺灣區農產運銷股份有限公司」，在當時臺北市的都市邊陲「華中橋橋邊」，成立臺北市第一果菜批發市場（簡稱「一市」）；十年後，場地不敷使用，又於松山機場旁的民族東路，成立第二果菜批發市場（簡稱「二市」）；四十多年後，兩個市場的營運早已出現飽和，批發市場車輛、噪音、環境等對都市居民造成的生活品質影響，以及所在地的邊陲都已成核心，加上臺北市已經找不到一塊完整的「素地」可供使用的情況下，與一河之隔新北市政府「借地」是不得不的選項。

相同的是，過去的臺北縣政府時代，由三重市公所獨資興建的「三重果菜批發市場」（俗稱「三市」），在臺北縣升格為新北市之後，公所資產由市府繼承，三市也更名為「新北市果菜運銷股份有限公司」。有趣的是，三市也面臨場地飽和壓力，新北市政府也於二〇一四年規劃新場地緩解，地點就選在板橋四汴頭抽水站附近的國有地，也因此簡稱為「四市」，已於二〇一七年年初開幕。這一、二、三、四個果菜批發市場，分別位於大臺北盆地的南、東、中、西四個方位，也都是在都市發展的蛋黃區或蛋黃區邊緣，已對人口飽和的大臺北盆地造成莫大的壓力。

對照日本經驗，東京都銀座商圈旁的築地批發市場，其地位是東京都政府的「中央批發市場」之一，同樣因為都市發展壓力，保留具觀光特色的「場外區」（一般交易區，臺灣法令術語稱之為「零批場」），二〇一八年將「場內區」（農漁產品「批發區」）搬遷至豐洲這處由填海造陸生成的新區。無獨有偶的，九州最大行政中心福岡，也在二〇一六年年初將分散於市中心三處的果菜批發市場，集中搬遷至都市邊陲的海埔新生地。

對雙北市首長，東京、福岡的批發市場搬遷改建經驗，最可取之處在於「集中管理」、「善用海埔新生地」。雙北市未來共有四處果菜批發市場，合計面積也未超過二十公頃，能否有合適的地點適宜搬遷？攤開地圖，大概就只剩下八里臺北港周邊，有可能容納得下七百萬人口每日所需蔬果吞吐的批發市場場地空間。

就地理區位來看，臺北港位置有六十四、六十一等兩條快速道路，距離高速公路五股交流道、桃園機場距離都在二十分鐘範圍內，又可經六十五道銜接國道三號，因應臺北港的開發，周邊早已具備物流園區規模。就生活機能，八里也是大臺北地區的新興衛星城市，人口擴張壓力不似盆地市中心。如果，雙北首長能就此達成共識，將果菜市場集中於臺北港物流園區附近，可一次性解決當前批發市場管理面臨的所有壓力問題。

以目前臺北市政府規劃中的第一果菜批發市場改建案計畫，從陳水扁擔任市長任內開始，超過二十年仍無法啟動，當中最關鍵的因素就是，只能就現有場地「挪移」，以「穿西裝改西裝」的模式，將現有的「平面」市場改為「立體」，增加使用空間。如此一來，不僅施工經費爆增，施工期程也可能延長至五年、七年，甚至十年。這樣的改建思維，根本無法與現有市場承銷業者溝通，沒有一個生意人能夠忍受「在工地上面做生意」，且時間可能會長達十年之久。更關鍵的是，批發市場採取立體化，徒增未來管理成本與不便，絕非上上策。

同樣的情況在新北市也差不了太多。已啟用的新北市四汴頭果菜批發市場，因為市府經費編列刪減約二分之一，各項設施縮水不利營運管理。更大的問題是，這四個市場「定位相似」，就產地農民，分散管理的結果只是讓農產品運銷增加不必要的管銷成本，且貨品分散也不利承銷人集市。更糟糕的是，因為受限場地，無法規劃興建「超大型冷藏儲存空間」——有足夠的場地興建現代化冷藏庫，由政府來主控大宗用生鮮蔬果的安全儲量，生鮮蔬果價格被「產地盤商」炒作的機會也將大大降低——沒有大型現代化的冷藏設施，就無法因應未來三十年農產品的流通管理需求。

設想，雙北市長若能攜手解決，集中一、二、三、四市於臺北港園區旁，原舊有市場土地的釋出轉嫁做為新市場的興建費用，既避免增加政府開支、解決都市發展壓力、提升農產品批發市場交易管理秩序與績效，一舉三得之事，身為農產品批發市場主管機關的地方政府，切勿再鴕鳥心態、蹉跎此事，雙北首長及相關局處室，宜共組規劃小組，取日本經驗為師、以臺北港特區為思考，為大臺北地區擘劃可長治久安的農產品批發市場搬遷改建案。

再論國家級農產品批發市場

從陳水扁擔任臺北市市長，歷經馬英九、郝龍斌各八年，前後超過二十年時間，位於臺北市萬華區的臺北市第一果菜批發市場「改建案」，總是在選舉的時候浮現，卻也永遠飄浮在空中，未曾實現。日前傳出，臺北市市長柯文哲與市場蔬果承銷業者達成共識，市場改建出線曙光。在改建推動前夕，有必要針對大臺北地區「農產品批發市場」的定位、功能與角色，再次釐清與辯證，以利後續改建之推動，並達成永續經營之目的。

首先要看的是，為何一個進步的城市，需要有一個現代化管理模式的農產品批發市場？

隨著經營環境以及國民飲食習慣的改變，最明顯的莫過於「食用新鮮蔬果」的比例大幅上升；同樣的，對於食品安全的要求，也在歷經多次食安風暴，逐漸建立起更強的消費意識。另一方面，政府部門也在大力推動農產品通路結構的體質革命，從幾年前基於防疫、食安考量禁止傳統市場宰殺活禽開始，逐步推廣到對於傳統市場的衛生環境改造等方案推動，在在都連結到農產品的「運銷體系」這一個源頭。

以目前的生鮮蔬果、雞鴨魚肉分布於大臺北或市中心、或周邊進行批發交易、或屠宰拍賣來看，長遠來說終究不利一個都市的進步與發展。在維繫「都市風貌」的辯證上，確實也出現「傳統 vs. 現代」的論戰——市場，終究要維持一種什麼樣的風貌？不僅考驗一市之長的治理高度，也是對整個城市居民的一個共同集體記憶的嚴肅挑戰。主張維持現況者，認為傳統市場的型態，維繫了都市居民間最後的人際網絡連結；主張現代化市場模式者，認為走向超市經營勢不可檔。

不論首善之都臺北市或緊鄰一水之隔的新北市，傳統市場與超級市場的並存，就是上述辯證下的縮影。但不論傳統市場與超級市場，其所銷售的農產品上游源頭，幾乎仰賴批發市場，在產地直銷模式興起後，已經打斷了「批發市場與超級市場的鏈結」，更不要說，以量販型態出現的大賣場、連鎖體系，其生鮮農產品供應鏈，早已和批發市場脫鉤。

《農產品市場交易法》、《農產品批發市場管理辦法》，前者做為農產品批發市場的母法，後者做為農產品批發市場的子法，除了法令翻修跟不上時代，與當前產地直銷經營型態興起無法對接之外，更重要的是母法精神上所主張的「農產品批發市場經營主體不得以營利為目的」、「農產品批發市場為公用事業」等立法意旨高度，注定了政府公部門無法在農產品批發市場的管理或經營上缺席。

我們要看的是，一個改建完成的農產品批發市場要提供給市民什麼樣的全新服務？以如火如荼準備啟動改建的臺北市第一果菜批發市場為例，改建之後，是要讓生鮮蔬果的物流體系更為現代化？還是，讓市民可以買到更優良品質、價錢更合理的生鮮蔬果？亦或，讓農民更加放心，生鮮蔬果的交易受人為干擾的因素可大幅降低？

大臺北地區的生鮮蔬果、雞鴨魚肉批發市場，面臨的不僅僅只是硬體結構面的問題，是「批發市場整體定位」與「批發市場管理結構」的大論證與大改造。完成了硬體興建，並不會因此讓批發市場的經營變得更好。因此，這時候政府角色的介入，就顯得十分地重要了！為什麼農產品批發市場的「公眾性」角色如此重要，也就不言而喻。

今天臺灣各地方政府對於農產品批發市場，特別是身為全臺價格指標臺北市第一果菜批發市場的經營管理，如果喪失其對公眾性的控制——在日本，每個大都市的「中央卸売市場」都由市府派駐監管人員，對於民生物價進行嚴格監控——不僅中央政府有必要介入，瞭解其問題原因，更須對整個體制面，做出更大的政策面裁示。從結構面的改革下手，讓批發市場經營管理的不當人為干擾因素降到最低。

建構國家級的農產品批發市場，也就是《農產品市場交易法》中所規範的「一級批發市場」的概念——如果能將臺北市第一、第二果菜批發市場、新北市三重果菜批發市場、四汴頭果菜批發市場、臺北魚市、樹林肉品批發市場、環南家禽批發市場以及花卉批發市場，進行結構面的整合。**透過管理層級的扁平化與一制化，並導入全溫層冷鏈物流的食安管理機**

制，將大臺北盆地最後僅存的一塊適合興建大型農貿市場的素地：八里臺北港物流園區，從軟體面、硬體面雙管齊下，整併現有大臺北地區的各類農產品批發市場。現有批發市場，或降級為二級、或轉型為物流轉運站，降低對都市核心區域發展的衝擊。相信，這會是改變農產品共同運銷體系核心環節的重要開始！

看懂臺北農產公司的獲利

近來臺北農產運銷股份有限公司獲利數字引發媒體議論，各方說法其實都沒有太大問題，只是站的角度不同。不過，社會大眾鮮少探討這家公司的屬性定位、營運內容與獲利模式，以深究這幾年獲利成長的真正原因。簡言之，翻開臺北農產公司過往歷史，「開源節流」這項鐵律依舊是其獲利與否的根本，話說吃果子拜樹頭，有必要把這段過往陳述清楚。

首先要來談的是這家公司的定位。臺北農產公司受《農產品市場交易法》規範，該法第十二條指出「農產品批發市場為公用事業」，又，同法第十三條也明定「農產品批發市場，經營主體均不得以營利為目的」。也就是說，臺北農產公司管理「臺北市第一、第二果菜批發市場」，這家公司肩負著公用事業、不得以營利為目的「使命」，也因此法令准予批發市場向「產銷雙方」抽取「市場管理費」（該法第二十七條規定）做為主要收入來源。

臺北農產公司的「法定收入來源」市場管理費，過去最高曾收到百分之三點二，後來承銷業者以「罷市」要脅調降，最後臺北市政府同意降為百分之三（產銷雙方各負擔一半）延用至今。也就是說，對臺北農產公司而言，已經不可能從法定收入再「開源」——試想，以今日民意、民粹高漲情況、供銷雙方都「經營困難」，誰敢輕言調漲管理費——反觀鄰國日本，因為批發市場經營漸受直銷通路的衝擊，市場管理費調漲至百分之七者，比比皆是。

要從法令收入開源不易，就只能節流。在臺北農產公司前任董事長莊龍彥任內，於立法院第六會期期間，在董事會秘書馮秋火協助下積極遊說執政黨立委，希望將營業稅免稅範圍擴大。莊前董事長對臺北農產公司第二個重大節流措施，就是當機立斷結束虧損累累的「臺北農產超市」，在當時主任秘書陳忠男協助下將三十多家北農超市經營權順利移轉給全聯超市，讓公司不再失血（一年幾乎賠掉半個資本額，約八、九千萬）。

上述兩大節流措施，使得臺北農產公司開始轉虧為盈。更重要的是，從二〇〇八年開始，批發市場交易活絡，加上氣候異常造成「風不調、雨不順」，蔬果批發價格連續五年飆漲，且出現「價量齊揚」的反市場供需法則現象，該公司市場管理費收入連年創新高，臺北農產公司員工終於不用再只領兩千元紅包年終獎金。

此外，莊前董事長又在二〇一一年在臺北市議會議長的幫忙下，說服臺北市政府將「萬大路橋下堤外停車場」擴大管理範圍至青年公園，全數交由第一果菜批發市場代管，使得臺北農產公司「停車費業外收入」一年爆增新臺幣兩、三千萬元。爾後，位於民族東路的第二果菜批發市場地下三樓停車場，隔年也比照辦理，由臺北市政府停管處移撥給臺北農產公司管理。

成功節流，再加上順利開源。奠下了爾後這五年（二〇一二年～二〇一七年）的獲利衝上歷史新高，也才有臺北農產公司前總經理韓國瑜在議會質詢時，自誇其經營績效良好的根本結構性原因所在。這期間，臺北農產公司仍持續有其他冷藏庫、水果月曆、販售農特產品的業外收入，但與上述大筆入帳，不可相比。當然，現任總經理的營運績效，在「比較基期」增高的情況下，二〇一七年下半年因為支出減少，全年獲利率與盈餘數字仍優於前一年，再次說明開源節流才是企業永續經營之本。過多的政治口水與過度的關注業務推廣費用的使用，只是模糊焦點，也無法看清楚臺北農產公司其真正的獲利模式。

臺北農產公司為何會成為政治角力場

在臺北農產運銷股份有限公司（前稱為「臺灣區果菜運銷股份有限公司」，簡稱臺北農產）的老一輩員工一直流傳著一則故事：一九七五年《中央日報》一則報導稱，有位從南部北上臺北「中央市場」（現在西寧南路、忠孝西路口附近）向菜販討債的農民，因為收不到錢流落街頭。據聞，當時的行政院院長蔣經國看到報導之後大為震怒，不僅下令徹查，還決定成立果菜公司。臺北農產首任總經理蘇振玉，就是由蔣經國欽點由警界轉任，在市場成立之初還動用憲警，才將菜販全數「趕進」市場交易，並將「黑道」勢力逐出。

這家由政府主導成立的第一家「農產品批發市場」，產地農民都習慣稱呼為「果菜市場」。依當時行政院的想法，是以這家公司去管理全臺各地的果菜批發市場，此想法最後無疾而終。在成立十年後，臺灣區果菜運銷股份有限公司也更名為「臺北農產運銷股份有限公司」。

這家由官民合股組成的公司，官股是臺北市政府與臺灣省政府，三大民股則是「農會、臺灣省青果運銷合作社（簡稱青果社）與市場販運商」。精省後臺北農產的省府股權由中央農委會繼承。民股當中的農會、青果社，過去也都膺服於黨國體系。

臺北農產在戒嚴時代的運作如同時代的國營事業，有著強烈的「公用事業」屬性；在解嚴後，特別是二〇〇〇年第一次政黨輪替，出現了「北市府與中央不同政黨執政」，就從這時候開始臺北農產陷入了「政治角力」場域，迄今愈演愈烈。

四、五十歲以上的臺北市市民，大概還對「臺北農產超市」的招牌印象深刻——這大概也是臺北農產這四個字，最初始的社會印象。特別是在一九九〇年代臺灣尚未興起「大賣場」前，逛臺北農產超市可說是十分新穎與時髦的一件事。

這段期間，臺北農產靠著超市的驚人獲利（具市場壟斷性與獨特性），足以彌補「批發市場業務」的虧損，保持公司上千人的規模。而在臺北農產進入政治角力的渾水之後，卻慘到連年終獎金都差點發不出來。看看今日臺北農產的前後任總經理被政黨霸凌，對曾經身為北農一分子的筆者而言，深深為這家公司未來營運績效與員工福祉，感到憂慮！

陳水扁擔任臺北市市長時，臺北農產規模已經是旗下擁有三十幾家超市、管理兩個果菜批發市場的龍頭公司。陳水扁認為，既然主導不了公司經營權，乾脆把「臺北市第二果菜批發市場」給切割出來，委由臺北市農會另組公司來承攬經營。此舉引來中央政府的緊張，後雙方妥協，同意由臺北市政府派任總經理，化解公司分裂危機。

到了馬英九當選臺北市市長之後，陳水扁轉進總統府，繼續「中央地方不同調」。這時候，由省農會總幹事轉任臺北農產公司副總經理的謝國雇，身段細膩又兼具霸氣，在當時馬市府不願意與扁中央合作態勢下，市府拉攏農會系統，鑄下了臺北農產「三國鼎立」的態勢。中央政府在臺北農產股權經營爭奪上吃鱉，並不是什麼新鮮事，近些年來只要農會系統倒向某一邊，就能成功扮演「關鍵少數」左右總經理人選，以鞏固自身在臺北農產的勢力。

在馬市府八年間，臺北農產另一個不為外界所悉的身分是「國民黨農業系統黨支部」。這是由後來升任總經理的謝國雇，充分發揮「臺北農產所轄果菜批發市場，其扮演連結各地農會、合作社」的組織網絡優勢，在公司內部新成立「秘書室」部門，由其統籌選舉、組織動員的工作。

在馬市長擔任國民黨主席、競選總統，還有之後兩次臺北市市長選舉，國民黨中央黨部社工部與臺北農產高層之間緊密互動。而此時臺北農產總經理，由謝國雇交棒給同樣是農會系統推薦的張清良（曾任雲林縣副縣長），幕後運作邏輯就是「北市府官股代表董事長，公司經營者總經理，中央尊重農會系統的推派」。因為這八年，北市府與中央同為國民黨，也就一路相安無事！

馬英九在第二任期初，二〇一二年年底臺北農產總經理由前立委韓國瑜出任，外界普遍解讀為農會系統勢力的延續。不過，韓國瑜出任臺北農產總經理三年半多，特別是二〇一六年民進黨再次執政後，再次出現中央與地方股權爭奪戰，讓這北農一夕之間成為媒體焦點——因臺北農產自此已成輿論焦點，接任的總經理吳音寧的所作所為就很難脫離媒體放大檢視。

姑不論臺北農產成為媒體焦點，讓哪些政治人物坐收漁翁之利，也不論當今持續延燒的戰火，背後是否有政黨影武者操弄，臺北農產就其公司經營主體的本質，很難脫離政黨選舉其組織層面運作之外。總經理個人行事風格的爭議尚小，這家公司的「社會觀感」如果因此遭牽連受傷，全臺最重要的果菜運銷平臺出了大問題，賠上的代價恐仍由全體社會承擔。

對目前近六百名臺北農產員工而言，百分之九十九是看不懂這些政治角力，也對這些政黨鬥爭沒興趣，特別是對將近三分之二日夜顛倒工作的員工而言，更在乎的是自己的工作能否穩定、家庭能否兼顧、身體的負荷還能撐多久？以筆者過去的許多同事，在退休前因重病或退休後身體出現大問題的，不在少數，這些都是長期夜班工作，用自己生命所換來的。

在社會一再以看戲心態、政黨政治人物以爆料自居的時候，如果真把這家公司給打趴、打掛了，員工士氣也被擊垮了，我們要問的是：是否已準備好，以一個什麼樣的「新平臺」、「新體系」來擔負大臺北地區七百多萬居民的每日生鮮蔬食供應？

臺北農產從其成立之初就已注定走不出政治角力場，但終究這家公司主體是「產地農民、是市場的販運商、是基層員工」——他們的真實心聲是，誰當總經理，公司仍得一如往常、日復一日地運行——這些政治事之於他們，真得太過沉重，也是到了該停歇的時候了！

第二部

《水果政治學》續篇

- 紅藍重新聯手　買辦大戲再登場
- 西進絕對不是解決臺灣農業問題的良方
- 從出口統計數字解構中國對臺虱目魚採購「契作合約暫時中止」
- 兩岸農產品貿易往來的誤會一場
- 藍八團的水果採購鬧劇
- 從香蕉出口中國市場掛零談起
- 芭樂、棗子怎麼外銷
- 談生鮮農產品市場出口風險分散：九二共識與農產品出口中國
- 中國宣傳大戲再度上場　貨出去等於農民賺錢嗎？
- 香蕉柳丁滯銷找中國　淪為政策採購下犧牲品
- 鳳梨出口超過九成仰賴中國市場，銷量三倍躍升是禍還是福？
- 釋迦成功模式可以被複製嗎？除了出口中國還有哪一招
- 非關政治：香港是個什麼樣的市場？

紅藍重新聯手　買辦大戲再登場

農業問題從來沒有真正解決，一個很重要的因素，是農業的核心價值沒有經過辯論。譬如：農地是該保護亦或解編？農舍是要限制還是開放？產銷失衡是要補貼還是保險救濟？愈深入關心農業問題，才會發現問題的本質在「價值選擇」（當前臺灣所有的問題，不也都是價值選擇的辯證過程嗎？）。令人惋惜的是，農業問題本不該沾惹上「政黨藍綠色彩」，但眼前事實是，蔡英文政府上臺三年多，農業問題的「意識型態化」只有更加劇。

造成農業問題意識型態化的背後，與中國因素的介入，脫離不了干係！

國內親中勢力不斷地鼓吹、臺商為了自身利益的捲入，加上部分媒體的推波助瀾，使得隱藏在兩岸農產品貿易之間的「政治暗黑勢力」發揮功效，讓愈來愈多的農民相信「農產品出口中國是解決臺灣農業問題的解方」。特別是，當所謂的國內發生「農產品產銷失衡」的時候，這樣的聲浪就愈發凸顯。

從二〇一四年太陽花學運之後，中共對臺系統暫時調整了大規模對臺農產品政策採購的路線，但二〇一八年民進黨地方選舉大敗，讓共產黨又看到國民黨重新執政的契機，路線似乎又微調回二〇一二年之前的老路。只是這一次，手法更為細膩、範圍更為擴大、官方色彩更加淡薄，但並不表示這樣的舉措就有所中止。我們要問的是，為何這樣的手段一再被實施，卻一直有人會信以為真？本章節將透過各種數據分析比較，破解紅藍聯手政治買單背後的真相！

西進絕對不是解決臺灣農業問題的良方

日前有媒體大肆報導臺灣農民西進的成功案例，也以大篇幅版面說明中國的農業技術已經超越臺灣。確實，有成功個案，但也有更多的失敗案例；中國農業技術確實突飛猛進，但中國市場的不穩定性與三農問題的嚴重性，卻不見真實揭露。重點在於，臺灣農業的下一步，答案絕對不是「西進」；臺灣農業的未來，必須重新審視自身問題，回到當下農民問題的核心，方為解決臺灣農業的良藥解方。

◌ 西進的迷思

親中媒體的標題「TPP陰影罩　臺農菁英加速西進」，又說「臺農產品外銷　陸蟬聯最大市場」。在其配套分析稿中，指稱「臺水果熱銷大陸　栽種技術是利器」、「重視農業研究陸砸錢急起直追」、「依賴政府補貼　栽培觀念應改變」、「陸數大是美、臺小而精　互相學習」、「單打獨鬥　赴陸務農失敗案例多」等，林林種種的報導，不外乎就是要說明一件事：農業菁英正在加速出走，中國成了臺灣農業的第二春。

這絕對是謬誤與偏見！

首先，臺灣面對自由貿易的壓力，農業絕對不應該被犧牲，也不該「自求多福」。臺灣是小農體制，小農面對農業強國的競爭，更需要農政部門的更多關注，擬定新的農業策略。

媒體提出臺灣農業問題解藥就是「西進中國市場」，不僅預設立場，更是一種謬誤與偏見。

所謂的謬誤，在於中國市場的不確定性過高，且絕對不能單以「人口基數」為單一考量。**臺灣農產品，特別是仍具備出口優勢的「生鮮水果、漁牧產品」，其市場銷售絕對不能單靠「廣大市場」，更需要的是「分眾市場行銷通路」的功夫，下得夠不夠深**。沒有掌握市場消費者的習性，一窩蜂的外銷結果，就是導致臺灣生產端的一窩蜂搶種，一旦市場缺乏長期戰略布局與高度，回過頭來就是生產過剩的價格崩盤危機。

更不要說，面對中國市場的複雜性與特殊性，不僅要考量通路布建，其產銷鏈環節從到港口岸至消費者餐桌，「口岸檢疫」、「冷鏈不足」等又是另一問題。以少數成功個案，或是統計數據上的超標標準，認定中國市場是臺灣農業的第二春，是一種以偏概全。

這樣的報導背後也帶出另一個現象，就是各個地方首長想要分食中央資源，都想要把自己的地方農特產品外銷，忘卻了執政團隊的一體性與合作性。

演變迄今，各個地方首長大顯神通，執政團隊不僅要做好溝通，更須盡快提出具體政策與做法，特別是雲、嘉、南、高、屏等五個農業縣市，可相互競爭，更有可合作之處，如果中央不出現整合，恐將相互抵銷戰力。如何在整合出口、生產、安全標章，建立全新的產銷供應鏈之際，面對特定媒體以「西進為臺灣農業下一步」論述的輿論攻勢，更應有所警惕，切勿因地方政府的各自為政，缺乏中央地方的協調一致性，成為農業政策推動的絆腳石。

現實的例子就是高雄市、臺中市以「新南向政策」要求桃園機場航班分流爭取資源，引發地方諸侯向中央搶奪資源的解讀。同樣地，在農業部分也有首長開出第一槍，認為六都以外的農業縣市人口持續外流，「新南向政策卻未看出農業走向和實質經濟政策，要求中央政府盡速為農業國際運銷擬定戰略」。確實，臺灣農業必須走出去，日本安倍政府「進攻型農業」是參考對象，但進攻型農業的成功，必須有完整配套；農業國際運銷的戰略，也不是以單一農產品的成功，去套用在所有的農產品出口模式上。

臺灣農業的問題，是根本性的結構問題。從現實面的農村勞動力不足、小農體制的收益不穩定、農地使用，一路到上層結構的農業法令完整性不足、新農業策略如何落實等，看起來是治絲益棼。若地方諸侯不能摒除本位主義，中央農政單位不加快腳步，農業論述不能取得一致性的高度，類似這樣似是而非的言論，只會繼續充斥媒體版面。最後要說的，「西進中國」無法解決臺灣農業問題，貿然西進，絕對是讓臺灣農業加速毀滅的歧路。

從出口統計數字解構中國對臺虱目魚採購「契作合約暫時中止」

數字會說話！

從財政部關務署的官方網站統計資料庫所得數據分析，虱目魚（包含生鮮、冷藏、冷凍、虱目魚切片等）自二〇一一年到二〇一八年的出口統計數據——也就是臺南學甲地區部分虱目魚養殖戶與中國大陸契作五年的期間——整理如下頁圖表四、五：

統籌臺南學甲地區虱目魚與中方契作的「臺南市虱目魚養殖協會理事長」王文宗——其另一身分為學甲食品公司董事長——日前對媒體表示，與大陸的虱目魚契作價格在二〇一一、二〇一二年都是一臺斤四十五元，二〇一三年每臺斤四十二點五元，二〇一四年四十一元，二〇一五年是四十元。除第一年收購量為三百萬臺斤（等於一千八百萬公斤），其餘每年都是三百六十萬臺斤（等於二千一百六十萬公斤）。王文宗對媒體表示，學甲地區虱目魚契作，一年都有新臺幣一億多的生意。

以臺灣冷凍虱目魚一年出口值約一千萬公斤上下，從海關統計上來看中國市場佔比，於二〇一四年達到高峰。如果海關統計數據無誤的話，二〇一五年冷凍虱目魚出口中國的數量，已急速下降不到二十公噸的慘狀。另一個有趣的數字是，二〇一四年冷凍虱目魚出口中國雖仍維持小幅成長，市場佔

圖表四：虱目魚出口統計（單位：公斤，淨重）

	冷凍虱目魚	冷凍虱目魚片	生鮮或冷藏虱目魚	小計
2011 年	9,907,355	10,186	0	9,917,541
2012 年	10,869,368	48,838	0	10,918,206
2013 年	11,023,644	48,998	955	11,073,597
2014 年	11,666,635	30,399	6,946	11,703,980
2015 年	9,682,553	33,388	0	9,715,941
2016 年	10,499,249	54,025	3,561	10,556,835
2017 年	8,843,877	35,945	917	8,880,739
2018 年	10,731,566	41,594	0	10,773,160

資料來源：財政部關務署統計資料庫查詢系統。

比也持平，但單位價格卻大幅腰斬。

做為冷凍虱目魚主要出口地的中東地區、美、加等國，出口數值穩定的背後，代表這個市場的成熟度高，也說明這個出口地消費者對於此進口產品的接受度，已達一定程度的「需求依賴」，方使得進口商願意「穩定持續下單」，滿足市場通路的銷售需求。

圖表五：近五年虱目魚主要出口統計

	公斤、千美元	2014 年	2015 年	2016 年	2017 年	2018 年
中國	數量	1,554,515	19,336	62,225	11,407	197,345
	金額	**2,074**	**75**	**171**	**75**	**471**
中東	數量	6,776,636	6,123,004	6,741,267	4,954,890	6,266,968
	金額	**14,507**	**10,869**	**12,851**	**9,080**	**12,029**
美、加	數量	2,676,804	2,909,225	3,090,748	3,080,863	3,224,401
	金額	**7,108**	**6,455**	**6,988**	**7,383**	**7,874**
紐、澳	數量	409,703	275,343	375,140	372,675	411,329
	金額	**1,159**	**641**	**890**	**884**	**1,252**
日、韓	數量	104,930	105,000	94,944	72,577	128,270
	金額	**280**	**262**	**248**	**172**	**289**

註：1. 中東國家主要以阿拉國聯合大公國、沙烏地阿拉伯，其餘包括卡達、科威特、阿曼、巴林、約旦等國。

2. 其他包括歐陸、東南亞、大洋洲與非洲等國家，產值合併數量偏低，不列入統計比較。

資料來源：財政部關務署統計資料庫查詢系統。

契作，對農業出口絕對是正面、積極的。但是，若摻雜太多政治因素，缺少對出口地市場的消費需求考量，這樣的契作，絕對會出大問題！

◌中國對臺契作的陽謀：政治因素

臺南學甲虱目魚契作原委，就是國臺辦發現二〇〇八年總統大選，臺南地區綠油油一片。時任國臺辦副主任鄭立中，在多次深入臺南調查之後，鎖定學甲地區的虱目魚養殖戶，希望透過「契約養殖、穩定銷售」的模式，增加養殖漁民的收入，達到「收買臺灣農民」的政治目的。

至於，透過虱目魚養殖契作，能否改變學甲區的投票行為，變成只能說、不能做的事情。如今，民進黨再度執政，王文宗選擇在這個時候發布「暫停契作一年」，說背後沒有人下「政治指導棋」，那絕對是騙人。

問題是，五年前虱目魚因為政治指導下，進入了上海市場，為何頂不住政治壓力，市場說撤就撤？答案很清楚，**因為在政治指導下，農產品變成國臺辦眼中的「統戰工具」，不是「市場商品」**。不僅臺灣出口這一方（學甲食品公司是為了契作外銷上海特別成立的公司），缺乏專業的經驗，進口端的上海水產公司，雖然背後有「政治壓力」不得不接單，但在市場價格導向下，連續兩年冷凍虱目魚賣不動、賺不了錢，就算是加工成魚丸，也未必符合上海消費者的飲食習慣。

一如學甲食品公司董事長王文宗所坦言的，契作第三年就交由「福建海魁水產集團」接手，但轉換買家並沒有讓臺灣的冷凍虱目魚「站穩」市場，根本原因就只有一個：買賣雙方都不願意砸大錢做宣傳，讓中國當地消費者熟悉臺灣虱目魚的好處與烹調。

一切為政治服務，好好的虱目魚，錯失五年打開市場通路與教育消費者的大好機會。這契作一停，想要回頭再搶佔市場，很難！

如果，虱目魚可以長期在中東、美加、紐澳、日本站穩市場，為何外銷中國卻失利？扣除政治干擾因素，難道沒有辦法打出一片天嗎？

答案是可以的。虱目魚，是臺灣最具特色的養殖魚種，單就這一點，就是市場行銷的最好宣傳題材；加上，虱目魚與鄭成功又有關連，喜歡將「民族大義」掛在嘴邊的中國，虱目魚可發揮的話題性，絕對不小。

對上海消費者或是與臺灣民情相近的福建，虱目魚終究是一種「陌生的選擇」。契作的目的，追根究柢來看就是一種「風險轉嫁」——只要遇上盛產，生產成本降低，契約養殖戶的收益將會大幅提高；反過來，市場有穩定的「依賴需求」，即使出現「供給減少」也不會出現「供不應求」的價格上揚。

時間對臺灣農業發展與轉型，愈來愈不利。中止虱目魚契作，正是一個重新思考養殖漁業未來發展方向的契機。還包括石斑魚外銷市場的萎縮、技術含量領先時間差的縮小，則是另外一個未爆彈。當然還包括養殖業長期濫用抗生素、禁藥造成的污染，在海洋漁業漸漸枯竭的當下，重整養殖業已迫在眉睫。

兩岸農產品貿易往來的誤會一場

日前，發生臺南市虱目魚養殖業者到市府門口，焚燒民進黨證，對政府所謂「阻撓」他們前往中國交流表達抗議。更早之前，屏東籍漁船「海吉利號」等五艘活魚運送船，浩浩蕩蕩發起「保祖產、護主權」登太平島行動，也遭到農政單位「關切」，引發漁民不滿。這兩件看似不相干的事情，其背後的共通點就在建構於過去十年兩岸農業交流大框架下的各項農貿往來，其所夾雜的非經貿因素，實已滲透到當下的政治運作邏輯當中。經貿往來理應回歸常態，非遭政治干擾最終成為誤會一場。

◌ 臺南虱目魚養殖漁民的抗議事情談起

農委會在二〇一六年八月時發出一紙公文，指出「與中國大陸洽談兩岸漁業合作的相關民間協議或意向，若涉及政治性內容，非經主管機關許可不得為之」。相信這樣明白的文字，很清楚地指稱是「政治性內容」。當然，當臺灣虱目魚外銷中國大陸受阻，當初洽簽「契約養殖、政治性訂單採購」的臺南學甲地區虱目魚養殖業者，對於新政府上臺後的「不安全感」固然可以理解，但如果因此認定這紙公文是為了「阻止兩岸虱目魚契作」，則言過其實了！

臺灣虱目魚的最大出口國是美國與中東，中國大陸所佔比例其實有限，更重要的是，從海關出口統計數據中得知，二〇一五年，也就是總統大選前一年，中國大陸對臺灣虱目魚的採購就已經大幅萎縮。深入探究其原因，除了供應端的整合之外，主要還是在於中國大陸消費者對虱目魚的「食用習慣」一直無法成功推廣，虱目魚在中國大陸除了加工品之外，仍多在臺商圈中流通。

過去政府高喊兩岸農業交流，對岸也樂見臺灣漁民透過「政治性採購」，以契約模式供應，達到穩定生產、穩定市場價格之效。這一點，就經貿往來的起始點，必須給予肯定，但可惜的是，後續對於生產端的供應鏈整合，包括產品品質的齊一化、產品附加價值的提升等等課題，與中國大陸市場開拓的難題，同樣都缺乏更有制高點的戰略性謀劃。只要查詢一下臺灣虱目魚外銷中國大陸，均可發現在前期經上海市臺辦牽線、上海水產公司下單採購之後，負責出貨的學甲地區虱目魚業者，仍得自己到中國大陸找商機。

也就是說，整個兩岸農業交流下開展的經貿往來，追根究柢就是一個「市場競爭」的核心問題。虱目魚在中國大陸市場敗陣如此，負責運送活體石斑魚的漁船業者，則是另一個層次的問題。

過去簽訂兩岸ECFA，對臺灣「農業讓利」當中最重要的就是「石斑魚外銷中國市場」，也因此衍生出獨特的「活魚運搬船隊」。這所謂的石斑魚活魚運搬船，就某種程度也是「中方對臺施與小惠的籌碼」。二〇一六年，活魚運搬船隊大洗牌，不得不讓人有政治聯想。農政單位針對海吉利號關切，也正是因為擔心「複雜的南海問題被中方力量牽著鼻子走」，用更嚴格的術語來看，就是透過「代理人」對南海議題發聲。

也因此，海吉利號前往太平島護漁顧主權的行動，一度傳出漁業署對此發出「運搬船作業許可期間不得從事特定漁業、漁船應依規定配置足額幹部船員、漁船不得在海上私自轉換外籍船員、漁船搭載船員應依規定辦理受僱等行為。並且強調，會秉公處理這次行動的違規部分，以維護漁業作業秩序，並保障守法者作業權益」。就是不希望在南海仲裁之後，徒增不必要的變數。

綜觀太平島護漁到虱目魚契作問題，政府部門當然必須以照顧漁民生存權為首要，但兩岸經貿往來原本就不可能是單純的雙邊商業活動，在面對兩岸經貿代理人／特殊買辦集團的複雜結構，新政府應更謹慎地去處理，在維護漁民權益與國家主權之間，找到平衡點。

更重要的是，在海洋資源勢必走向枯竭的外部環境壓力下，不論遠洋、近海、養殖或貿易往來，漁業發展更需要有永續經營的理念。太平島護漁，是為了保護臺灣漁民的漁場？還是在場邊搖旗吶喊讓主權問題更形棘手？虱目魚外銷何去何從，也絕無用一紙公文來禁止——這紙公文的來由，是立法院經濟委員做出的決議，不希望中華民國漁會以「臺灣總漁會」的頭銜和對岸簽署漁業合作，有自我矮化之嫌——當然，兩岸間的名稱問題，一向都會被無限上綱成為重大議題，這也是兩岸農業交流、農產品貿易往來，如果不拿掉「背後的政治運作力」，永遠很難面對真實的市場競爭，臺灣農產品也將會迷失在這樣的政治讓利下，把建立市場競爭力的機會之窗白白流逝。

藍八團的水果採購鬧劇

二〇一六年年底兩岸關係陷入停滯，卻突然由對岸「部級」單位組「友善城市農特產及特色伴手禮踩線團」來臺，深入幫國民黨執政地方八縣市首長拉抬聲勢，旅行兼採購行程，其中最值得玩味的，仍是此團在結束前宣布了「採購臺灣三千公噸水果」的「意向」。看起來，中共對臺單位仍然沒有記取教訓，依然認為政策採購是一條可以收買臺灣民心的捷徑。藍八團來臺觀光旅遊踩線、農產品採購，最終仍會是鬧劇落幕。

對國共兩黨，時任國民黨主席洪秀柱一趟北京行後續，國臺辦不能不跟進，維持國共平臺的話題溫度，並藉由拉高國共兩黨關係來邊緣化民共關係，逼迫蔡英文政府接受所謂的「九二共識」。這次由中共國務院中華全國供銷合作總社組團來臺，表面上是為了二〇一六年七月於北京展開的「藍八縣市農特產和旅遊推廣會」暖身，但實際上是基於鞏固國共關係的戰略目的。唯有認清這一點，才能掌握箇中奧妙。

媒體報導，這次所謂的「友善城市農特產及特色伴手禮踩線團」，成員包括中華全國供銷合作總社臺辦副主任劉婷、農業部市場與經濟信息司處長王松、上海市果品公司、南通市果品食雜公司、中國茶葉流通協會等。特別值得關注的是，中國大陸各式形形色色的「農產品流通協會」，在過去馬政府執政八年期間，臺灣方面也特別成立了相對應「對口單位」的農產品流通經紀人協會。

中華全國供銷合作總社，長期以來扮演國臺辦對臺農產品採購的分身；中方對臺扮演同一任務但分屬農業部臺辦的「外圍單位」，則是香港上市公司「福建超大集團」。供銷總社、超大集團，一官一民、一國臺辦一農業部，在馬政府八年期間，成功扮演穿梭搭橋工作，幾次重大中方對臺農產品採購，均由這兩個單位執行。

停頓多時的對臺農產品採購，特別是水果這個「統戰品項」，為何又會在這次的踩線團結論中被提出？根據瞭解這其中除了回應洪秀柱訪中議題、滿足國民黨地方執政縣市首長需求之外，更有間接制衡民進黨政府新南向政策的深一層戰略意圖。即使最後採購需求並未完全落實，也已經起了「安定南部農民的心」的宣傳效應。

藍八團技巧性的宣示了對臺灣三千公噸的水果採購，但並未公布細節。因為，藍營地方執政八縣市，沒有太多的水果可買，這個採購團宣布的採購數字，不僅是個鬧劇，更是場騙局——據聞，為了解決這個困境，中方也想出一個「解方」，就是由派駐在臺的中方質檢公司代為出具「產地與檢疫證明」，屆時只要「農產品是從某縣市購買的（但未必是某縣市生產的）」就足以向藍營首長、農民與官方三邊交代。

這藍八團水果採購，不是場鬧劇，又是什麼呢！

從香蕉出口中國市場掛零談起

很難想像，過去有香蕉王國美譽的臺灣，二〇一六年出口量創下歷史新低：一千五百多公噸，其中，中國市場更是掛零！此外，臺東的釋迦、南部的芒果、高雄、臺南地區的番石榴，則受到二〇一六年寒害、風災影響，整體出口量顯著下滑。綜觀臺灣生鮮蔬果出口，惟獨鳳梨出口一支獨秀為正成長。從香蕉及其他生鮮蔬果出口萎縮數字背後，反映了哪些產業與市場的結構變化？對臺灣農業戰略未來藍圖又有什麼影響？值得深入探究。

沒有人會否認臺灣做為熱帶水果王國的美譽，但也不能持續沉溺於這樣的一個美麗幻想當中。要知道全球的農業大國，其所出口的「強勢農產品」，不論從數字上，或是餐桌食用上，水果品項多集中在蘋果、橙、梨、葡萄、酪梨、桃、奇異果等，這些都非臺灣的主力強項。臺灣身處亞熱帶，從過去強項的香蕉、蘆筍罐頭、鳳梨罐頭等，轉型為精緻熱帶水果的出口。

以香蕉為例，在二〇一〇、二〇一一年中國官方結束對臺「過產滯銷水果政策性採購」之後，香蕉出口中國市場的數量從當時年平均的一千六、七百多公噸後，就一路順勢走滑（詳見圖表六）。很清楚地，這就是因為「政治買單」的收手後，市場回歸「商業考量」。當時的農政單位希望藉此機會讓臺灣香蕉站穩中國大陸市場，藉此契機建立穩定的產銷供應鏈，但並未成功。這一點，才是看待此數字變化，最需檢討之處。

進一步來看，香蕉出口的巨大數字變化，這當中也反映了計畫性生產的重要。針對特定出口市場、訂單的「出口種植面積管控」、「果品採後處理」標準化作業、延長果品市場末端銷售期、藉產品行銷手段提升商品附加價值，這些，都是老生常談之言，也是每個入行農產品貿易，特別是鮮果出口的圈內人都知道的鐵律。

但，為何仍出現臺灣香蕉出口市場的極凍？有一個尚未經科學化調查的解釋，就是香蕉已轉型為內需市場商品，出口力道消失。

香蕉退出中國市場的正面解讀是，如何更穩定的供給國內市場需求？透過計畫生產調節不再發生量價背離，是能夠穩定國內市場供

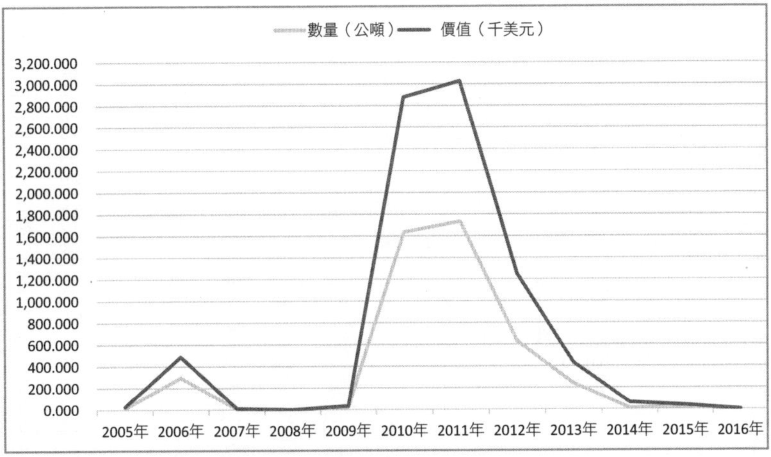

圖表六：臺灣香蕉出口中國市場統計

資料來源：財政部關務署統計資料庫查詢系統。

給，並讓市場價格穩定、農民生產獲利、消費者買的物有所值的三贏。當然，日本市場仍是國內香蕉的主戰場，也可能因為上述問題的無法解決，看不到樂觀前景。

再從銷售數字穩定性、種植面積的適應性來看，對比出口統計表，當中仍有一項水果值得細細探究：番石榴。除二〇一六年受寒害影響整體數字下滑之外，就過去五年出口統計分析，除中國市場之外，最大出口國為北美市場的加拿大。也就是說，只要持續穩定加拿大、中國這兩大市場，就有機會藉此導入「外銷供應鏈」標準化，加上番石榴在國內運銷早已推廣「共選共計」，果品分級包裝與農民生產意識，均有一定水準，只要能進一步克服果品保鮮期的延長、比照日本外銷蘋果的選別場作業模式對番石榴果品品質控管的近一步提升，相信會有機會逐步擴大出口，並超越東南亞的番石榴，在東協國家有更高的競爭力。

芭樂、棗子怎麼外銷

農產品，特別是南臺灣高雄的水果出口，現成為農民口中的熱門話題！芭樂（番石榴）

與棗子是高雄的兩大王牌水果。地方首長與民代紛紛信口開河要幫農民把水果賣出去，我們今天就來好好檢視一下，芭樂與棗子這幾年到底是怎麼賣到海外市場的。

◌ 水果之王：番石榴

番石榴是全年可生產的作物，高雄燕巢地區、彰化溪州、臺南南化地區為三大產區，其他像是屏東、嘉義、雲林、南投、宜蘭、臺中等地也都有數百公頃的種植面積，幾乎全臺都有栽種（見圖表七）。尤其又以「燕巢芭樂」最為消費者所青睞，品質與價格均為全臺首選。

高雄稱之為芭樂王國，當之無愧！番石榴外銷海外市場，高雄市阿蓮區農會則扮演相當重要的角色。另外，民間貿易商積極拓展海外市場，特別又以加拿大為主要國家，也讓番石榴交出一張漂亮的成績單。

不過，我們從二〇一一年中國大陸啟動大規模「政策性水果採購訂單」看起，這兩年外銷成績大幅下滑，是一大警訊。中國市場的衰退是主因，國內產量供給的不穩定，從整體面來看出口也同樣呈現起起伏伏（見圖表八和圖表九）。

圖表七：二〇一七年番石榴生產面積統計表

產區	種植面積	結實面積	每公頃收量	採收量
	公頃	公頃	公斤	公斤
高雄市	2,672.18	2,670.66	25,060	66,927,625
彰化縣	1,239.75	1,208.63	27,942	33,771,159
臺南市	1,455.39	1,453.10	22,390	32,535,077
屏東縣	519.45	512.09	25,217	12,913,208
嘉義縣	309.14	298.83	22,419	6,699,523
雲林縣	294.24	290.62	20,850	6,059,548
南投縣	173.91	172.5	23,457	4,046,392
宜蘭縣	214.01	213.78	15,022	3,211,352
臺中市	124.33	124.13	17,545	2,177,820
臺東縣	89.29	87.94	16,008	1,407,713
花蓮縣	72.83	70.93	15,531	1,101,617
苗栗縣	42.93	42.38	15,659	663,649
新北市	58.41	55.58	10,756	597,838
新竹縣	18.07	18.07	17,983	324,960
嘉義市	9.36	9.36	27,095	253,613
桃園市	18.58	16.85	9,371	157,902
新竹市	3.59	2.69	19,680	52,938
臺北市	3.55	3.55	8,952	31,781
澎湖縣	5.43	5.43	5,677	30,828
金門縣	1.17	1.17	13,974	16,350
基隆市	0.1	0.1	8,890	889
合計	7,325.71	7,258.39	23,832	172,981,782

資料來源：農糧署農情報告資源網。

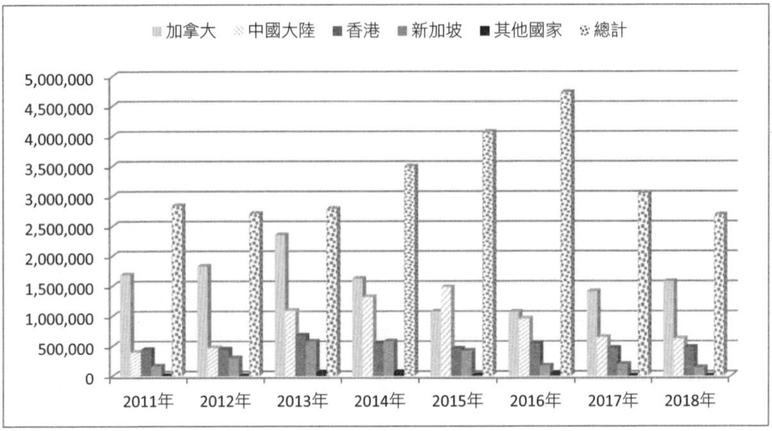

▲ 圖表八：二〇一一至二〇一八年番石榴出口統計趨勢圖（單位：公斤）

資料來源：財政部關務署統計資料庫查詢系統。

▼ 圖表九：番石榴出口數量統計（單位：公斤）

	2011	2012	2013	2014	2015	2016	2017	2018
加拿大	1,684,732	1,826,291	2,349,786	1,619,320	1,071,102	1,065,093	1,404,208	1,572,254
中國大陸	397,853	468,513	1,087,885	1,314,361	1,476,859	951,784	645,349	617,455
香港	439,557	447,067	674,007	541,114	454,497	540,358	460,392	474,092
新加坡	164,515	299,098	573,491	575,837	420,963	167,536	194,547	138,117
其他國家	4,800	1,500	60,000	64,380	10,920	39,600	2,400	300
總計	2,840,146	2,709,083	2,786,794	3,492,870	4,066,952	4,730,534	3,045,165	2,686,969

資料來源：財政部關務署統計資料庫查詢系統。

番石榴外銷海外市場，走過一段艱辛歷程的，不論是加拿大、中國或其他海外市場。讀者或許會好奇加拿大為何會成為臺灣番石榴的出口國榜首？其實這一開始是民間貿易商隨著出口蔬菜海運併櫃，意外地打開了這個新市場。中國市場二十年前一開始對番石榴的印象就是「這是什麼水果？」、「不知道該如何食用？」。從統計上看，二〇一五年中國市場出口成績一度超越加拿大，後卻快速萎縮，顯然「番石榴出口中國市場受到『政治性採購風險』」的干擾因素，十分明顯。至於總體出口量二〇一七年重挫，二〇一八年持續探底，各個出口國家都呈現下滑，數字既已提出了警訊，相關單位就有必須找出真正原因，不是政治人物站在水果面前作秀，口實而不惠。

◌ 棗子：後起之秀

棗子同樣是高雄的特產。這種源自東南亞，臺灣品種改良過的水果，盛產期就是農曆春節前後兩個月時間。就國內市場，春節前因年節禮品市場需求，使得國內棗子價格居高不下，但一過了春節年假，批發市場開市也就是棗子價格崩盤的時候。以二〇一八年暖冬為例，棗子盛產但口感品質卻不甚理想，二〇一九年過年又在二月上旬，使得二月中旬之後的

「晚生棗子」在最差情況下會價格崩盤。

回頭來看棗子外銷出口的統計，雖完全無法與番石榴的出口數量相比，但卻是個呈現穩定成長的品項。不過，依舊仰賴中國市場的胃納且佔比極高，東南亞市場因產品同質性高，很難有亮眼表現。倒是香港市場的起伏以及這兩年的大幅衰退現象，一方面證明了市場供給的穩定度不足，也說明了通路端行銷策略上，有強化的必要。

地方首長喊出番石榴、棗子外銷新加坡、香港，以及主要市場中國，從統計數據上來看，「喊爽的」成分居多。以棗子為例，即使出口平均排行第二的加拿大，一年也不過就幾十公噸的出口量，對於市場風險風散與開拓的意義不大，除非，棗子能改良出適合外銷的品種，延長保鮮期，方有可能打開北美、中東這樣的長距離運輸國家市場銷路。

政治人物的噴口水與作秀，往往會給農民帶來莫大的錯覺，好像一個貨櫃的出口就得以解決後續生產過剩的壓力，或是帶來長期穩定的訂單，這些都是不切實際的幻想。真正要做的是，好好地深入海外的每一處超市通路，看看別的國家如何把水果賣出去，再來回頭引導農民，才是正辦。

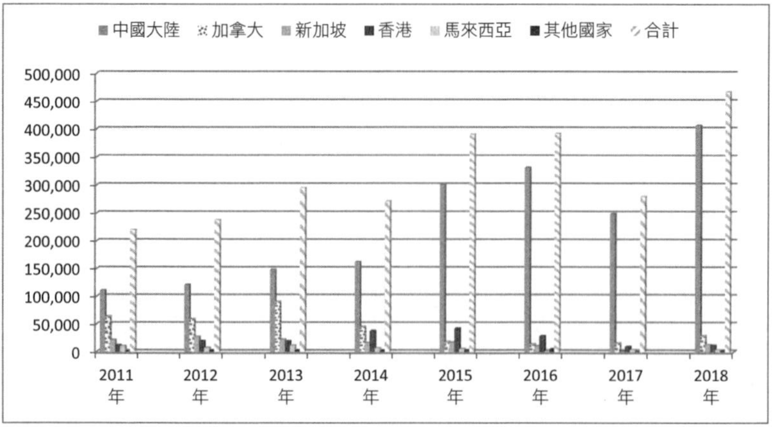

▲ 圖表十：二〇一一至二〇一八年棗子出口統計趨勢圖（單位：公斤）

資料來源：財政部關務署統計資料庫查詢系統。

▼ 圖表十一：棗子出口數量統計（單位：公斤）

	2011年	2012年	2013年	2014年	2015年	2016年	2017年	2018年
中國	110,807	121,320	148,346	162,646	301,226	331,615	249,211	406,904
加拿大	64,126	59,590	90,590	45,697	18,374	14,105	16,167	29,508
新加坡	21,488	27,627	22,435	16,277	17,149	10,881	263	13,152
香港	11,879	19,663	19,304	38,038	42,457	28,926	9,894	11,816
馬來西亞	11,012	7,781	11,740	6,891	5,601	1,512	4,252	3,851
其他國家	865	2,274	2,898	1,978	3,345	5,130	36	1,981
合計	220,177	238,225	295,349	271,527	390,652	392,169	279,823	467,212

資料來源：財政部關務署統計資料庫查詢系統。

談生鮮農產品市場出口風險分散：九二共識與農產品出口中國

農產品出口中國市場數字成為新聞熱門話題，總統蔡英文、行政院院長蘇貞昌與農委會紛紛出面報佳音，不料，卻有人大潑冷水，再次演變為口水戰。到底，農產品盛產與外銷出口成長的關係是什麼？中國市場對臺灣農產品外銷的風險在哪裡？農產品出口有沒有中間剝削？出口成長一定表示農民收益增加？

我們先從大家關心的問題談起：農民收益從何而來

首先就來看主要生鮮農產品出口中國數字（見圖表十二）。

		鳳梨	釋迦	茂谷柑	芒果	蓮霧
2018年	出口總計	32,428	11,802	10,785	6,525	2,932
	中國	**31,311**	**11,656**	**7,798**	**2,107**	**2,907**
	中國市場佔比	96.56%	98.76%	72.30%	32.29%	99.15%
2017年	出口總計	27,717	6,594	8,662	5,990	3,195
	中國	**26,811**	**6,524**	**6,061**	**1,906**	**3,164**
	中國市場佔比	96.73%	98.94%	69.97%	31.82%	99.03%
2016年	出口總計	29,551	10,270	7,774	2,807	2,859
	中國	**27,855**	**10,211**	**4,938**	**704**	**2,836**
	中國市場佔比	94.26%	99.43%	63.52%	25.08%	99.20%
2015年	出口總計	23,629	12,392	8,491	10,805	2,997
	中國	**21,485**	**12,267**	**5,219**	**4,737**	**2,961**
	中國市場佔比	90.93%	98.99%	61.47%	43.84%	98.80%
2014年	出口總計	9,539	9,039	7,256	7,473	2,130
	中國	**8,183**	**8,969**	**4,246**	**2,120**	**2,082**
	中國市場佔比	85.78%	99.23%	58.52%	28.37%	97.75%
備註					主要出口國為日本。	

圖表十二：近五年臺灣主要水果出口量表（單位：公噸）

		番石榴	香蕉	葡萄柚	鮮橙	椪柑
2018年	出口總計	2,840	1,872	1,579	462	2,896
	中國	**617**	**70**	**1,351**	**375**	**3**
	中國市場佔比	21.73%	3.74%	85.56%	81.17%	0.10%
2017年	出口總計	2,709	1,110	1,708	238	1,340
	中國	**654**	**47**	**1,527**	**148**	**1**
	中國市場佔比	24.14%	4.23%	89.40%	62.18%	0.07%
2016年	出口總計	2,787	1,585	1,595	508	2,120
	中國	**1,065**	**0**	**1,443**	**446**	**197**
	中國市場佔比	38.21%	0.00%	90.47%	87.80%	9.29%
2015年	出口總計	3,493	3,281	1,868	2,009	2,305
	中國	**1,477**	**19**	**1,792**	**1,922**	**119**
	中國市場佔比	42.28%	0.58%	95.93%	95.67%	5.16%
2014年	出口總計	4,067	4,168	1,290	979	1,695
	中國	**1,314**	**97**	**1,173**	**822**	**257**
	中國市場佔比	32.31%	2.33%	90.93%	83.96%	15.16%
備註		另有加拿大、香港、新加坡等重要出口地。	主要出口國為日本。			主要出口地為香港、星馬、日本、加拿大。

資料來源：財政部關務署統計資料庫查詢系統。

我們就以種植果樹的農民為例，如果說出口數字亮眼，但仍有政治人物，例如像是高雄市市長韓國瑜一定要酸言說：如果數字這麼好看，為何二〇一八年民進黨會在農業縣大敗？又說農民苦哈哈賺不到錢，是不是有中間剝削？說這樣的話，是不瞭解農產品貿易流程的外行話，也曲解了農民收益的真正意義！

從數字上看，出口中國的生鮮水果，確實呈現一個正成長的趨勢，表示「有能力將水果賣到中國市場的農民與貿易商」，在這個果品貿易買賣過程中會比其他農民「多一些收入」，但未必表示「收益」一定跟著水漲船高。理由很簡單，貿易商透過中間人（包括農會、產銷合作社，或是大型合作農場）與農民交涉，農產品量少價揚的時候，農民絕對把售價抬高，不願意低價出售（或者說，不願意按照先前的約定價格出貨）；反之，農產品過產滯銷，貿易商以逸待勞，等著農民自動上門降價求售（這時候貿易商價差變大，不見得就是「中間剝削」）。也就是說，沒有穩定的「計畫性供給」，農民的實質收益很難和出口成長劃上等號。

中國市場的貿易遊戲規則稱之為「隨行就市」，也就是買主決定市場多少錢將農產品售出，回頭決定了貿易商要用多少錢來收購農產品。舉例，前高雄地區的番石榴一公斤產地價格為六十元，出口一箱十公斤裝的番石榴成本就是六百元起跳（還不含中間利潤），面對一箱將近人民幣一百三十元FOB報價，沒有幾個貿易商下得了手。於是，轉向高雄以外的產區購買較為便宜的番石榴，然後再向對岸的「政策性採購客戶」說這是來自高雄的芭樂，又有誰知呢？

高雄的芭樂農民賺不到出口的利益；其他縣市的芭樂農民，根本不知道「中間商」把他們的芭樂，早已裝箱出口到對岸或其他國家去。這麼一來，不是每一位農民都知道自己賺的錢，有多少是來自國內市場銷售？又有多少是來自出口訂單？這是一件很正常的事情，因為在臺灣生鮮蔬果的出口，卡在這些必要（或有人稱之不必要）的環節上，出口數字的亮眼與農民之間的實質感受落差，可想而知。

◌ 中國市場佔比太大

如上所述，多數農民的收益來自於國內市場的銷售，他們未必清楚哪一筆收入，是國內賺的還是出口賺的；同樣的，他們也不清楚是不是有中間剝削。農民沒有辦法「獨力完成」

農產品的出口，中間「所謂的必要之惡」來協助他們集貨、分級、包裝、冷藏、運輸，這些費用都是必須的，也不能稱之為中間剝削。如何幫助農民利益如何極大化，才是問題重點。

政府大力宣揚農產品出口成績亮眼，仍不能忽略一個重要的事實，那就是生鮮水果部，確實對中國市場依賴度太高。當然，這個數字背後，固然也說明了自二〇一六年小英政府上臺沒有承認九二共識，臺灣水果一樣賣得進中國市場，這一點，當然與韓國瑜市長在口水戰，數字也確實證明了九二共識與賣水果進中國之間，沒必然關係。特別是鳳梨、釋迦這兩個品項，幾乎百分之九十五以上的出口市場都在中國，這絕對是打臉韓國瑜市長的最佳證據，但也必須注意其後續的長期性風險。

與其放大解讀九二共識與水果賣到中國的關係，不如認真檢討這兩年下來，為何市場風險分散的工作，仍然沒有具體成效？大家都知道市場開拓不是件容易的事情，我們也不忍苛責在資源有限的情況下，臺灣的生鮮農產品要和全世界的農業大國去競爭。但有一點必須承認的是，既然中國市場已經磁吸了臺灣的大量水果，就有必要去認真探討，背後政治性操作對農業生產的影響。特別是最近一再出現「從高雄採購出貨到中國」的出口模式，是否為政策性採購的借屍還魂，也是中共對臺統戰農民的陽謀，這些恐怕不是韓市長一句九二共識就可以輕輕帶過的。

總統蔡英文在她的臉書發文提到，「好成績不是靠口號，是來自政府和民間一起打拚」，讚農委會做了三件重要的事：一、幫忙打廣告：透過宣傳行銷、品牌輔導，讓臺灣好農產更有知名度！二、幫忙提升品質及技術：和工研院合作升級冷鏈技術，新鮮水果從包裝、庫存到運輸全程低溫處理，確保出口品質。三、幫忙開發多元市場：打造農產品外銷整合平臺，和外貿協會一起辦展宣傳，也和臺商組織合作打開通路，把臺灣農產賣到全世界！

這三件事，是真正的實事，如果每一樣都認真做到了，相信市場風險分散也就達成，也就不必再過度依賴中國市場。建立可長可久的常態性貿易訂單，農民對收益增加也才會真正有感。

中國宣傳大戲再度上場　貨出去等於農民賺錢嗎？

二〇〇五年的兩岸情勢，對比十多年後的今天，依舊險峻。當年有一場石破驚天的「連胡會」被喻為兩岸融冰，也造就了臺灣水果銷往中國的熱潮；十多年過去，兩岸官方交流陷入停滯，但中共對臺統戰手法更顯細膩，特別是對中下階層農民的民心收買，沒有一日鬆懈。

無巧不巧的，新科高雄市市長韓國瑜競選口號「貨出去、人進來、高雄發大財」似乎與中共習總書記的最新對臺方針隔空唱和，媒體也證實了單單是福建平潭臺商就開出了兩千萬的訂單，採購高雄及南臺灣的農漁特產品。韓市長很聰明，深怕被冠上紅帽子，同一時間也大力推動東南亞與香港等其他國家的市場通路。但這一切的一切，只是政治人物的美麗海市蜃樓？還是真正可以落實到農民身上的利益？且看我們以下深入的專題報導。

◌ 平潭是個什麼概念

這回首先啟動臺灣水果（及其他農漁特產品）出口的是平潭臺商，不是過往的上海、北京或是廈門，但明眼人看得很清楚，這是為了要凸顯「中間流程沒有被其他不當『買辦集團』所壟斷」的一種「宣傳操作」手法。當天新聞斗大標題寫著「貨賣出去了！福建採購高雄農產品兩千萬　下午高雄港直送」，停泊在高雄港的臺北快輪，滿滿貨櫃裝載了來自高雄的農特產品，只需九小時便可快速通關抵達平潭口岸，展開銷售。

有趣的是，同一時間高雄市政府也發布新聞，表示外貿協會於香港舉辦的臺灣農特產品展，將採購高雄地區的棗子，證明了「貨已經出去」，接下來人進來、高雄就發大財了！

但，事情真的就如此簡單嗎？

首先，我們來看看平潭到底是個什麼概念？平潭島現在的正式名稱是「平潭綜合實驗區」，這是在二〇〇九年首先由福建省政府提出的一個配合「海西經濟特區」建設的「探索兩岸經濟合作新模式的示範區」。從二〇〇九年到現在將近十年的時間，臺商一度絡繹不絕前往投資，中國大陸國務院也將平潭特區列入「十二五」規劃中。

但現實上，平潭在經濟發展戰略上終究不可能取代香港，連超越廈門都還差得遠的情況下，臺灣一貨櫃一貨櫃的水果往平潭送，說穿了就是「借道而行」，經由平潭島再經陸路轉往中國其他市場。這樣借道而行就是避開外界農產品出口中國市場被「中間剝削」的一種宣傳效應，讓外界誤以為水果可以直接賣進中國市場。

簡單的說，平潭根本沒有夠大的市場胃納去消化臺灣出口的農產品，反倒只是借道平潭將臺灣的農產品轉運到福州之後，再分運到中國其他市場。這樣一種「不知買家是誰？不知買家如何銷售？」的出口生意，其所潛藏的風險——不知道自己的產品怎麼賣？賣給誰？怎麼看都是一件不可思議的事情！

這批約五百公噸的高雄農漁產品分裝五十五個二十呎（TUE）的標準貨櫃，幕後促成這次首航的「嵐台企業」與「企業家聯合會」執行會長陳曉蓁、華岡集團所屬的臺北快輪董事長洪清潭等人，過去均不是檯面上從事農產品貿易的臺商。如果說沒有中共中央政策的「指令下達」，這批產值約新台幣兩千兩百萬元，包含冷凍魷魚、秋刀魚等水產品，和鳳梨、火龍果、芭樂、蜜棗、西柚、蓮霧、楊桃、柳丁及高麗菜等生鮮蔬果的訂單形同「從天而降」，如何促成這批訂單也就是標準的「政策性採購」訂單。另，根據媒體報導，嵐台企聯會是由臺灣到平潭發展的企業組織，近年來與平潭企業家們合作組成聯合會，目前有近五百家企業會員加入。嵐台企聯會、華岡集團和高雄市政府三方均有信心，可望持續創造每年四點五億元新臺幣的出口產值。

問題是，國內的生產者要如何滿足這四點五億元的「農產品政治性採購訂單」？當天的首航新聞，又透露出不尋常的訊息！

高雄市政府當天發出的新聞稿中指出「韓國瑜、高雄市農業局、高雄市農會理事長蕭漢俊、農漁會，對於對岸企業界人士集體採購高雄農漁產品，都表示不太清楚，也強調此次採購未透過農會」。新聞稿還強調「以往農漁產品從出貨至運抵目的地至少要兩、三天的物流時間，對於保鮮期極短的農產品有極大考驗。這次中國大陸買主排除貿易商居中交易，直銷直送再經由快速遞送的流通運輸，可在最短時間內送達目的地，確保鮮度和品質」。

魔鬼藏在細節中。既然高雄市官方與農漁民團體都不清楚這次採購訂單怎麼來的，也沒有「介入」這次的採購買賣，那麼這群平潭商人出口的農漁產品，到底是向誰買的？更有趣的是，當天華岡集團總經理王仁杰說：「不清楚對岸是哪些企業採購農漁產品，但確定這次採購的農漁產品以高雄產出的為主」、「平潭企業人士採購高雄的農漁產品不會只買一次，以後還會陸續採購」。整個高雄農產品出口平潭，「貨品不知道哪些農民團體出貨、買家不知道是誰、也不知怎麼銷售」，這樣的「生意買賣」怎麼會是一件正常性的農產品進出口生意呢？

四點五億元是看得到、吃不到的畫大餅？還是一個可以持續性出口的生意？答案已經呼之欲出了！

同一時間外銷香港也傳出捷報，根據媒體報導二〇一九年元月比去年同期成長兩成，農委會偕同貿協，協助臺灣水果外銷香港市場，當月出口貨櫃超過三百五十公噸，品項包括蜜棗、葡萄、火龍果、茂谷柑、番茄、椪柑、芭樂、楊桃等，出口金額超過新臺幣兩千兩百萬元。

這則新聞頗有與平潭出口一別苗頭之意。雖然這也是政府宣傳政績的必要，但依香港市場的銷售模式，透過展銷會模式達成訂單的成長，確實是一種有效的「短期性」效應，不過，關鍵仍在於「訂單的長期性與穩定性」。這一點也是農產品出口中國市場最大的不確定性——永遠不知道下一筆訂單是否會繼續——其根本差異就是香港市場的「超市通路買家決定市場訂單」，中國大陸則是「政治性的政策採購訂單」，這兩者最大的差異，也使得出口生意的模式是大相逕庭。

根據外貿協會發出的新聞稿，二〇一八年十二月十一日在香港辦理的大型春節臺灣水果嘉年華會，「貿協香港臺貿中心」邀來香港重要的三大進口商及五大超市通路商，與屏東縣農會、林邊鄉農會、高雄市農會、美濃區農會、傑農合作社及疊溪合作社等六個農會代表採購座談，並進一步推廣高雄蜜棗、珍珠芭樂、美濃木瓜、屏東黑珍珠蓮霧及金鑽鳳梨、臺中東勢的茂谷柑、巨峰葡萄等臺灣冬季水果熱門品項。農委會也將與外貿協會積極持續合作，二〇一九年會持續地將臺灣各農會各季節優質水果推展至全世界，頗有與「平潭模式」互別苗頭之意。

回到二〇〇五年連胡會開始的兩岸農業交流，就是一場「宣傳重於一切」的政治大戲，當時配合演出的單位，都是經過「政治性盤算」結果得出的對象，能夠在其中參與者都是過去對「兩岸農業交流有貢獻者」，抑或為「對兩岸農業交流統戰有實質效益者」。只是這場政治大戲後來走味，當時國民黨買辦集團壟斷了中國對臺農產品政策性採購的訂單，引爆了「太陽花學運」，終究在二〇一六年的總統大選時遭致反撲。

時隔四年，當二〇一八年民進黨在地方大選中潰敗，中共中央是否又啟動了「第二次政策性農產品採購訂單」？截至目前為止並沒有太明顯的「檯面上動作」，但可以看出中方在已經不信任臺灣的政黨、政治人物的情況下，決定找自己信任的「中間環節白手套單位」，這些新冒出頭的「中介團體」看起來打著臺商的外衣，以合法的農產品貿易生意，去掩護背後的政治性目的。就這一點來看，以中共中央對臺政策的一致是不會有太大的改變；或者說，這又是一種換湯不換藥的操作手法：過去，有雲林物流公司、高雄農業開發公司為中介角色，如今換成像是華岡集團這樣的新臺商，如此而已！

有趣的議題就是，這場新宣傳大戲，真的是完全做球給新任高雄市市長韓國瑜嗎？還是，中共對臺政策另有其高度，是為了「直指臺灣民心」呢？這個部分，且讓我們繼續看下去吧！

香蕉柳丁滯銷找中國　淪為政策採購下犧牲品

且讓我們把場景拉回十年前，也就是連胡會之後兩岸展開熱絡農業交流的那個當下，也是第一波臺商一窩蜂「賣水果」的那個時空背景：二〇〇八年國民黨拿回政權，同年年底發生柳丁過產滯銷，國共平臺啟動了對臺過產滯銷農產品的政策性採購。當時簽訂的採購數量為三千公噸，執行單位臺灣方面是臺北農產運銷股份有限公司，對岸則是中華全國合作供銷總社旗下的會員，也就是各地的官民營「果品公司」。

結果柳丁賣不到三千公噸，隔年（二〇一〇年）又遇上香蕉過產滯銷（產量見圖表十三），雙邊延續合約把這個採購配額用完。這個史上最大宗的對臺水果政策性採購，是為開啟後續對臺各類型商品政策性採購的濫觴！

柳丁收購價格與品規、香蕉找不到出口專業

臺南、嘉義沿著台三線公路兩旁，一直延伸到雲林古坑，過去是柳丁最大的產區，如今仍是，只是更多的農民在農政單位輔導下，轉種茂谷柑。茂谷柑也意外成為外銷中國市場的另一個火熱產品，不過，這已經與政策採購無關。

柳丁有趣的現象在於國共平臺啟動首次大規模的政策性採購中，它被當成一個很重要的「試金石」。當時的農委會主委陳武雄親自操刀，對岸的農業部、商務部、中華全國供銷合作總社等「部一級」單位，也都高度關注這次的首發採購。只不過這項三千公噸的採購數字，後來因為

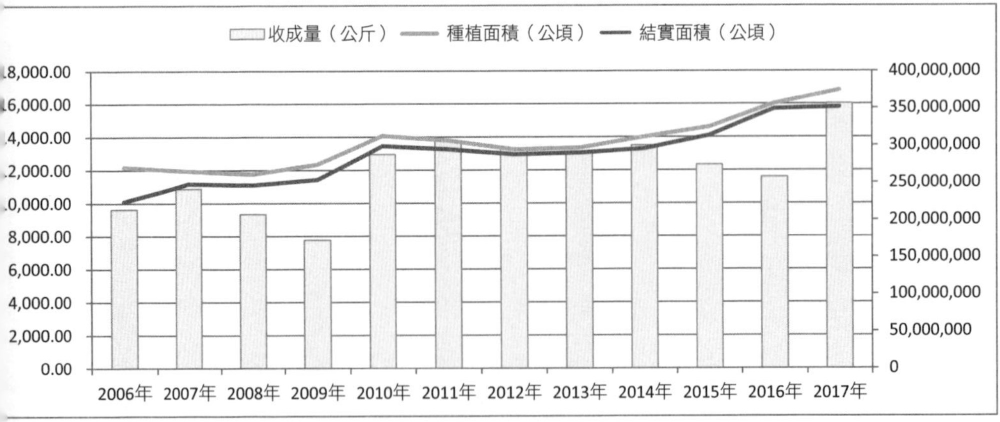

▲ 圖表十三：香蕉近十年種植面積與產量統計表

資料來源：農糧署農情報告資源網。

國內產銷調節以及「中方不懂得怎麼賣柳丁」的雙重影響下，實際出口數量約一千三百公噸便告終。

柳丁這個品種原本就不屬於「適合外銷產品」，不是因為臺灣的柳丁不夠好，是國外「柑橘類」產品的選擇性太多，臺灣柳丁這個品系並不是外銷主力品種，對國外買家十分陌生。

根據筆者二〇一〇年直接在北京超市看到的賣法，就是把臺灣的柳丁切開對半，當成中國南方的「蜜橙」來賣，甚至有一位果品公司老董直接表示，他們是受上級指示交辦要向臺灣採購這批柳丁。中國內地各式的「橙」就已經賣不動了，怎麼還有可能消費臺灣來的「陌生的柳丁」？倒是後來有臺商開竅，發現臺灣柳丁的競爭優勢是「榨汁」，因此研發了一套柳丁汁自動販售機，後來還曾在中國的一些賣場火紅了一段時間。

柳丁的出生注定了它的悲哀命運，很快的在臺灣輸往中國熱門水果清單上，柳丁就被排除在外。當然，偶有臺灣出現柳丁價格低廉之際，仍有小額的政策採購會透過農會系統旗下公司採購，運往中國內地的批發市場銷售。

相較之下，香蕉的身世背景就不一樣了，即使到今天仍是農政單位大力要推動外銷的主力商品。但，很不幸的是，香蕉在中國市場根本吃不開（見圖表十四），原本最大出口市場的日本，卻又連年衰退。

按照官方說法，臺蕉目前在日本市佔率只有百

圖表十四：臺灣香蕉出口中國市場統計表

年分	數量（公噸）	價值（千美元）	出口佔比（%）
2005 年	13.699	15	0.08
2006 年	296.199	193	1.8
2007 年	4.464	6	0.02
2008 年	0	0	0
2009 年	21.538	12	0.2
2010 年	1,635.518	1,243	14.4
2011 年	1,734.011	1,293	16.8
2012 年	629.685	621	6.8
2013 年	238.177	191	3.9
2014 年	9.647	54	2.3
2015 年	18.948	18	0.57
2016 年	0	0	0
2017 年	46,950	30	4.2
2018 年	70,440	47	3.76

資料來源：財政部關務署統計資料庫查詢系統。

分之零點三，如果能夠提高到市佔率百分之三就是十倍的成長。但數字是真實的、也是血淋淋的，臺蕉輸日數量可以說呈現「階梯狀的下跌」（見圖表十五）。也難怪曾經有農委會高層長官私下表示，當全臺灣的便利超商開始賣香蕉的時候，香蕉已經從「出口導向農產品」轉為「內需型農產品」。

這句話再精準一點地說，從青果社被取消外銷日本香蕉的特許之後，改為民間貿易商自由競爭的那一天開始，就已經注定了香蕉在日本市場的節節退敗。

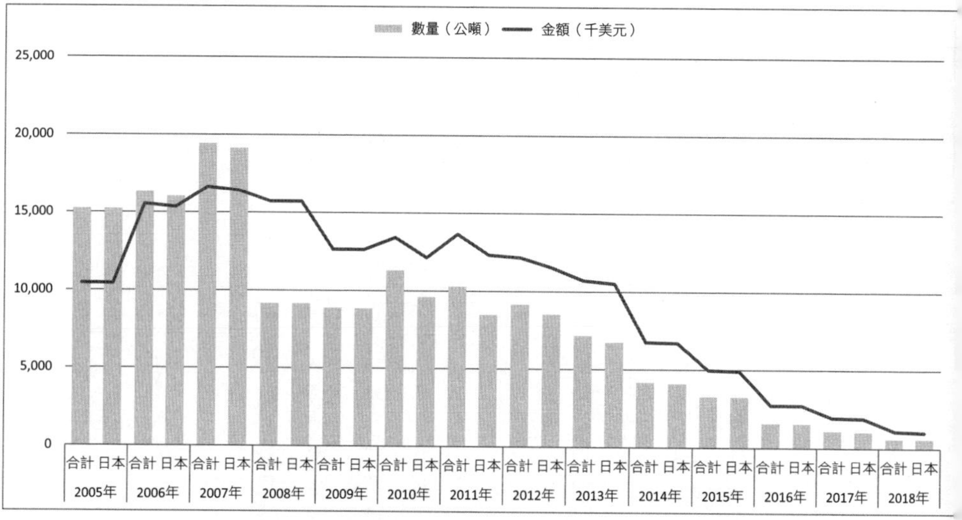

圖表十五：臺蕉輸日數量趨勢圖

資料來源：財政部關務署統計資料庫查詢系統。

到底香蕉出口出了什麼問題？青果社的解體是遠因，近因是國內生產穩定性一直無法克服；缺乏國際競爭力是外部因素，那麼影響香蕉出口成長的內部因素，又到底是什麼？

要回答上面這個問題，或是說真的要讓臺蕉重返日本市場，有一個核心概念就是「首先要團結臺灣自己的蕉農生產者」，這也就是三十多年前紐西蘭奇異果農民來臺灣學習青果社模式的「再進化版」。根據老青果社員工的口述，三十多年前紐西蘭奇異果農民來臺取經青果社的「合作化組織運作」，奠定了今天 **Zespri** 的基礎。如今，臺灣香蕉如果要重返日本市場，在生產端的合作社化、公司化，勢必是必經的道路。

當然，以「農業國家隊」台農發公司為首與日本大商社 **Farmind** 公司合作，簽訂了銷售合作意向書，確實是邁出了關鍵的第一步。特別是日本這個十分重人際關係的市場，要搶下第一筆訂單，是十分不容易的事情。但問題是，後續臺灣供應端的鏈結必須加快腳步，特別是思考組織蕉農為「單一供應單位」（Union Supply Chain），方能有利於產品的標準化與規格化。唯有在產品品質上精進，才能進一步避開跨國公司香蕉的價格戰競爭。

回顧二〇一〇年的中國大陸對臺水果政策採購，如今看到柳丁與香蕉出口的數字，只能說二〇一〇年的那場煙火秀，實在放得很精彩。當年筆者在臺北農產公司，後來就負責這批香蕉政策性採購的「收尾工作」。在收拾殘局的過程中，親自前往中國內地調查才發現中國香蕉盤商所使用的「香蕉催熟室」，用的是「適合菲律賓香蕉」的那一套，與我們臺灣蕉研所採用的香蕉出口流程模式完全不同。

一開始香蕉出口還發生慘劇：因紙箱「強度不足」，在廈門港一開貨櫃的時候，整批香蕉傾倒。這件事情傳回臺灣，引來時任農委會主委陳武雄的震怒；中國方面的進口商也拒絕繳交貨款，衍生出太多商業糾紛，都已經非政治性採購所能夠承受。

畢竟，中國方面的進口商他們也是「在商言商」，雖然拿著中國政府方面的「政策性補助」，但進口一堆香蕉總是要想辦法把它銷售完畢。說得不好聽一點，即使最後賣不完變成垃圾處理，這筆「垃圾處理」也是要費用的。

從商業標準來看，香蕉政策性採購可說是一項徹底失敗的貿易行為。買方賺不到錢、賣方拿不到市場通路、政府與執行單位背黑鍋，這種三輸局面，一直到了二〇一四年整個民意翻轉，才逐漸浮上檯面，為社會大眾所知悉。

不過，柳丁與香蕉出口大戲，印證了一開始中方對臺系統所設下的大戰略目標：宣傳重於一切！後續實質面，最終只能說臺灣這一端沒有人認真思考如何藉此契機把市場給真正打開。當大家都只是為了「應付政治」，農民的權益自然也就被放在兩邊了！

鳳梨出口超過九成仰賴中國市場，銷量三倍躍升是禍還是福？

鳳梨在上個世紀為臺灣賺取不少外匯，五十歲以上的臺灣民眾也都吃過台鳳鳳梨罐頭，甚至在十多年前中國大陸二線城市經濟正在起步的階段，臺灣的鳳梨罐頭又再次成為火紅的伴手禮。不過，生鮮鳳梨出口從二〇一二年開始竄起，特別是出口中國市場在二〇一四年呈現近三倍的躍升。到底鳳梨在中國市場的榮景會持續下去？是否背後仍有政治採購的拉力在支撐？臺灣鳳梨出口如何進一步分散市場風險？以下是我們的深入解析。

◌ 數字會說話

從趨勢上來看，鳳梨出口在二〇一四年到二〇一六年之間呈現巨幅增長（從當年的九千公噸，兩年後成長到兩萬九千公噸的高峰；二〇一八年再創歷史新高，來到近三萬兩千公噸），但這並不是一個值得令人感到慶幸的數字，因為整個市場的出口比重，超過九成都在中國市場，這是一個非常畸形的現象（見圖表十六和圖表十七）。

對比過去日本還是臺灣重要的鳳梨出口國，近五年出口日本的鳳梨幾乎呈現停滯狀態（見圖表十八），中國市場一枝獨秀的情況愈發明顯，讓人不禁憂慮整個市場風險分散的工作，幾乎是零成效。且這成長數字背後，政策性採購基本上已經退場，現在多數都是中國方面的水果貿易商或通路商，直接向臺灣農民的鳳梨生產產銷合作社採購出口。也就是說，銷往中國的鳳梨已自成一格，基本上與外銷日本鳳梨是兩套不同的思路與操作模式在進行，前者以量取勝，後者仍須顧好產品品質，以維持訂單的穩定性。

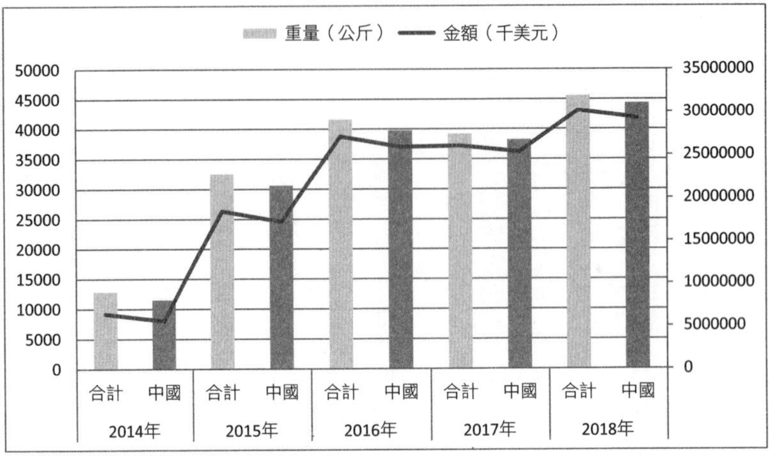

▲ **圖表十六：近五年鳳梨出口數量趨勢圖**

資料來源：財政部關務署統計資料庫查詢系統。

▼ **圖表十七：中國市場佔臺灣鳳梨出口比重統計表**

年度		重量（公斤）	中國市場佔比	金額（千美元）	中國市場佔比
2014年	總量	9,021,846	89.34%	9,179	87.03%
	中國	**8,060,532**		**7,989**	
2015年	總量	22,773,474	94.14%	26,358	93.20%
	中國	**21,439,827**		**24,566**	
2016年	總量	29,074,600	95.68%	38,752	95.51%
	中國	**27,818,502**		**37,012**	
2017年	總量	27,439,187	97.48%	37,182	97.31%
	中國	**26,747,385**		**36,183**	
2018年	總量	31,927,179	97.24%	43,079	97.11%
	中國	**31,047,262**		**41,835**	

資料來源：財政部關務署統計資料庫查詢系統。

另外，臺灣鳳梨的種植面積，很明顯地隨著二〇一四年出口爆增開始，呈現一個上揚趨勢；二〇一一年鳳梨種植面積是谷底的九千零二十九公頃，到了二〇一七年已經來到一萬一千四百五十二公頃，成長幅度超過百分之二十六，著實驚人！（見圖表十九）放眼中南部，過去只在山坡地排水良好的地區種植鳳梨，現在變成只要向台糖公司租地幾乎都是種鳳梨，可見一斑。

鳳梨的擴大種植均集中「台農十七號金鑽品種」，主要原因是該品種為中國市場銷售所喜好。但根據筆者過去經驗，多數銷往中國市場的金鑽鳳梨，特別是打著「屏東產」的名號，卻不見得來自屏東，更多數是來自嘉義、臺南一帶，這也使得臺灣這一端的出口貿易商，在缺乏「產地溯源機制」的情況，更多魚目混珠的臺灣屏東金鑽鳳梨，透過小三通、大三通進入廈門、上海口岸銷售。

數字已經告訴我們事實，臺灣鳳梨的「唯一出口市場」就是中國。熟知國際情勢者也都知道，在二〇一三、二〇一四年開始的出口增長，來自於中國與菲律賓當時的南海黃岩島爭議，中國技術性禁止菲律賓的鳳梨進口中國，讓臺灣的金鑽鳳梨找到了一個「出口」。

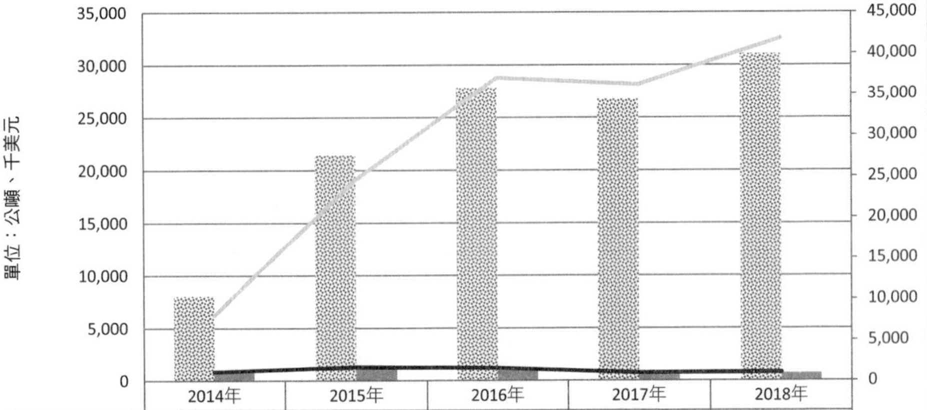

	2014年	2015年	2016年	2017年	2018年
出口中國量	8,061	21,440	27,819	26,747	31,047
出口日本量	907	1,261	1,130	663	696
出口中國值	7,989	24,566	37,012	36,183	41,835
出口日本值	1,096	1,672	1,547	932	997

圖表十八：臺灣近五年鳳梨出口中國與日本市場比較表

資料來源：財政部關務署統計資料庫查詢系統。

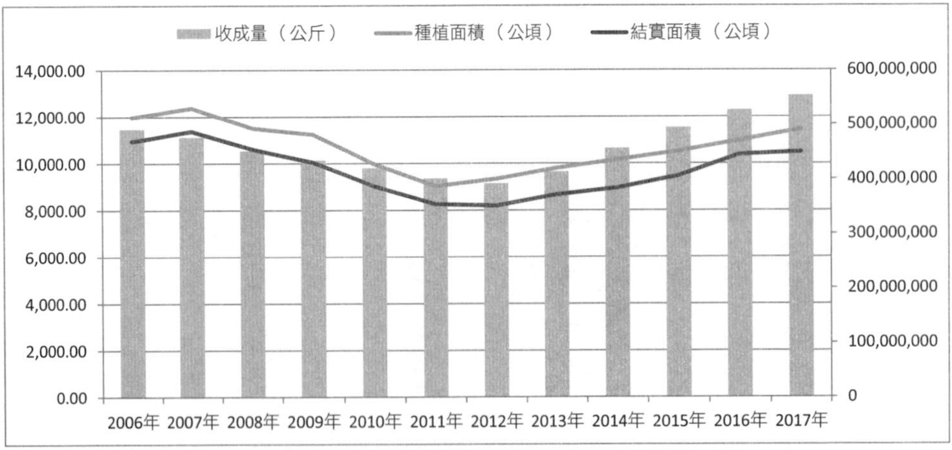

圖表十九：鳳梨近十年種植面積統計表

資料來源：財政部關務署統計資料庫查詢系統。

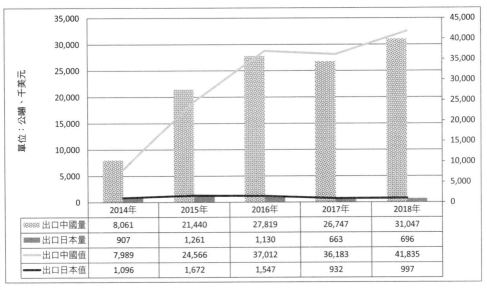

問題在於，這樣一個鳳梨出口的產值，農民是否滿意？中國市場佔了超過九成比重，如此一個「畸形」的出口結果，是有利於臺灣鳳梨產業發展環境，還是害了臺灣鳳梨農民的長期生存？

由於出口鳳梨的主要產地在屏東，政府大力輔導當地農民生產合作社，目的是為了穩定鳳梨出口的品質與數量，也確實起了一定的成效。但，最終問題仍在進口端的中國市場進口商，他們是否願意「長期經營」臺灣金鑽鳳梨這個品項市場？還是說，菲律賓的跨國企業廉價MD2品種鳳梨會再重新回到中國市場，琵琶別抱呢？

面對市場的不確定性，做為出口端的臺灣唯一能做的就是「提升產品的附加價值」，也就是經由更高的標準化，讓臺灣鳳梨的出口產值能夠再向上提升，以區隔跨國公司大規模種植的低價競爭。臺灣鳳梨的競爭優勢就是風味與口感，但缺點就是品質控管受到天候影響變異太大，與跨國公司品種相比，這既是優勢、也是劣勢：因為口感較甜的鳳梨保鮮期較短，且近年來氣候異常鳳梨含水量偏高（所謂的肉聲鳳梨），也多不利出口的品質一致性。近幾年一直傳出外銷中國市場的臺灣鳳梨，品質控制愈來愈糟（肉聲鳳梨居多），連前往中國考察臺灣鳳梨外銷的日本專家都大嘆，如果臺灣方面的出口商再不好好控管品質，臺灣鳳梨外銷的好光景將剩不到幾年。

從數字的正面意義解讀，臺灣金鑽鳳梨確實已經在中國市場站穩腳步，但接下來必須注意的是避免「自亂陣腳」，特別是一旦遇上氣候異常、產量不穩定的時候：這幾年經常發生，當生產過剩時便削價競爭、生產不足大家又反過來拉抬價格不出貨。這也是過去臺灣生鮮農產品出口的宿命，對於國外市場的認知程度不清，又不懂得後有國際市場競爭者的追兵，往往幾年光景就把辛苦打下的江山，拱手讓人！

農政單位計畫在鳳梨的主要產區屏東設置一套全自動化的清洗、分級、包裝的出口專用設備，這對於提升鳳梨出口附加價值絕對是一個正面的訊息。只不過這樣的工作要如何讓更多農民參與其中，不只是台農發一家公司的任務，有賴政府部門更多的耐心與溝通，讓鳳梨出口產業鏈的建立，畢其功於一役。

釋迦成功模式可以被複製嗎？除了出口中國還有哪一招

釋迦（不論是銷往中國市場主力的鳳梨釋迦，或是新品種榴槤釋迦）只能說它「天生麗質、得天獨厚」，其超甜的口感、獨特的外型、產期在春節前後（適合送禮），加上中國無法「複製」（鳳梨釋迦嫁接有一定的門檻與難度，在中國南方大多是「大目釋迦」品種），使得釋迦（鳳梨釋迦品種）成為繼金鑽鳳梨之後銷往中國市場的榜眼。不過，釋迦出口中國市場的成功模式可以被套用在其他水果嗎？釋迦出口連年創新高，但其中又潛藏了哪些危機呢？

上天給臺東的禮物

彰化與臺東，是臺灣兩個重要的釋迦產地。其中又以臺東最為著名，主要以軟枝、大目與雜交（又稱「鳳梨釋迦」），近年來農改場從東南亞引進新品種，外型類似榴槤，稱之為「榴槤釋迦」。其中，鳳梨釋迦是外銷中國市場的主力，這一、兩年榴槤釋迦也開始走向外銷市場。

從生產統計數據來看，國內市場主要以大目釋迦為主，二〇一七年農糧署統計大目釋迦產量約為三萬公噸，鳳梨釋迦約二點三萬公噸，且二〇一七年出口量六千五百二十四公噸就佔臺東地區當年生產量（兩萬一千九百七十四公噸）的三分之一強，臺東可說得天獨厚。

臺東之所以得天獨厚，因為鳳梨釋迦產期為每年十一月到隔年四月，需要高溫不超過攝氏二十八度、低溫不得低於攝氏八度的環境。臺灣西部平原冬季東北季風與寒害，因此背風面臺東縱谷，成為鳳梨釋迦絕佳的生產地。不過，受氣候異常影響，臺東冬季的異常高溫或寒害，造成鳳梨釋迦落果情況嚴重，時有所聞，這也是最大潛在的危機。

甜度可高達二十六度的鳳梨釋迦，基本上在國內市場的銷售已經大不如前，原因就在於國人飲食習慣改變，不好太甜的水果。無巧不巧，中國市場消費者對於甜食的偏好，鳳梨釋迦的非常甜中帶著微酸的口感，剛好趕上中國民眾的飲食習慣。因此，鳳梨釋迦在中國市場賣得「特好」，第一個理由絕對是它的高甜度。鳳梨釋迦天生麗質之處在於，它不僅外型獨特，還具備了比大目釋迦更容易儲存的特性（相對來說也較不易「啞果」），加上中國南方各省分種植的不管哪一品種釋迦，外觀、造型、口感、風味都無法和舶來品的臺灣釋迦競爭。

◌ 市場的獨特性

因為鳳梨釋迦這種優異的市場獨特性，在找不到同質性競爭對手的情況下，很快地在二〇一三年開始走紅於廣州的江南國際批發市場。從圖表二十可以看出，過去釋迦出口還透過香港轉口，到了二〇一三年已經直接賣進中國批發市場，快速成長。這當中有一個不為外人所知的現象，就是臺灣的出口商和中國的進口商，對鳳梨釋迦這個水果，其貿易的遊戲規則是依循著中國內地所熟悉的「隨行就市」模式，非臺灣多數貿易商向外採行的「一口價」銷售。也因為「中國盤商多少錢賣出，再扣除應得（雙方事先約定好的比例）利潤之後，剩餘款項才是臺灣

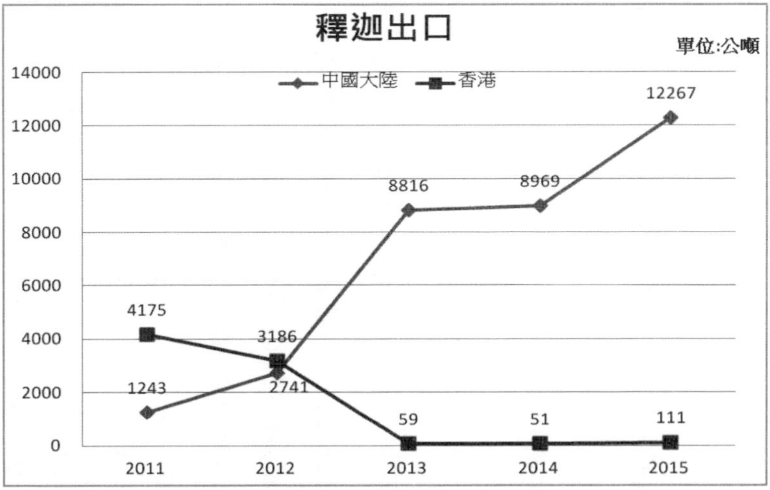

▲ 圖表二十：釋迦自香港轉口中國市場

資料來源：財政部關務署統計資料庫查詢系統。

出口商所得收入」，講得白話一點，就是臺灣的出口商必須和中國進口商「合作」去「賭市場風險」：一旦產品賣得動，消費者願意掏大錢買，買賣雙方都賺錢；反之，如果產品賣不動，虧錢了，損失的是臺灣出口方。

平心而論，這樣的商業模式，是完全跳脫政治干預下的一個買賣雙方雙贏的局面。畢竟，臺灣的出口商看到的鳳梨釋迦這個產品的商機，他們願意用中國的遊戲規則來「對賭」，承擔這樣的市場風險。最後數字證明了，鳳梨釋迦果然在中國市場大受消費者歡迎，且一年年的消費成績都正成長（除了二〇一七年受天候影響產量，導致出口銳減），不得不對鳳梨釋迦這個水果豎起大拇指。

不過，鳳梨釋迦的出口成功模式，應該很難套用在其他臺灣水果，也很難複製到其他國家。其中最值得探討與借鏡之處，就是出口商隨著中國市場的遊戲規則，願意拿鳳梨釋迦一搏市場的「生意人本性」，才是鳳梨釋迦出口中國市場在沒有政治利誘的情況下站穩腳步的深層原因。港、澳、星、馬這幾個重要的華人世界市場，何嘗不是採取這樣的貿易交易模式！但東南亞市場，臺灣生鮮蔬果的產品差異性仍不如日本，願意投資去賭一把的貿易商意願自然也就不高。

建立產品標準化與分散市場風險

從本文上述分析可以很清楚看到，貿易的最根本本質還是「產品」，只要產品對了，生意也就成功一半！建立產品標準化，也是農政單位喊了數十年的口號。小英政府二〇一六年年底成立的「農業國家隊」台農發公司的主要角色也是這個。不過，看到鳳梨釋迦「靠著自己雙手成功打天下」，如今政府單位從旁能夠給的資源，稍有不慎不僅會被譏為錦上添花，還可能削足適履：要求台糖釋放土地召集當地釋迦農民來擴大種植，如果不先解決「開拓新市場」繼續鎖定出口中國，只會打擊好不容易已站穩腳步的貿易商。

如果，從輔導的角度，解決氣候異常落果嚴重的問題、農藥殘留與病蟲害防治問題、比照日本蘋果模式統一出口包裝規格，以及協助開發中國市場以外建立「臺灣釋迦」高端品牌形象的行銷通路策略，或許這些更是台農發公司應該做的事情。

最後大家要共同思考的是，如何走在市場變化、氣候變遷的前端，透過政府農業研究單位的能量，讓鳳梨釋迦產業在臺東繼續茁壯穩定，這才是農政單位應該要加把勁的地方。

非關政治：香港是個什麼樣的市場？

二〇一一年三月十一日，東日本發生史上死傷最慘重的大地震，同時使得福島核電廠爆炸引發重大核污染事件。首當其衝的就是「日本農產品是否遭受輻射污染」，各國在當時也紛紛發布禁止進口福島周邊農產品的禁令。也就在這樣的「契機」之下，香港最大的蔬果供應商高盛公司，來到臺灣進行生鮮農產品的採購，以彌補原本日本市場的缺口，此為臺灣生鮮蔬果外銷香港的重要濫觴。

筆者這麼說，並不表示在此之前臺灣輸往香港的農產品數量是零，而是要探討在一個沒有政治壓力下，完全基於市場供需所形成的貿易往來，為何依舊曇花一現？香港市場沒能成為臺灣生鮮蔬果海外銷售的一個重要灘頭堡據點，實屬可惜。今日回頭檢討，問題沉痾依舊。

在與中國大陸對臺農產品政策採購的「貿易往來」相比較下，香港不僅因為其自由貿易港的先天優勢，再加上其缺乏農業自主的情況下，臺灣確實應該要好好開發香港這個七百多萬人口的市場。

◌臺灣產品定位問題，價格不比東南亞、品質追不上日本

地狹人稠的港島，加上九龍與新界，面積相當於四個臺北市大小。但主要經濟活動在港島與九龍，至少五百家的超級市場與大型賣場，其中又分布有滿足高檔頂端客層與一般規格的超市，有港人經營的，也有外資的連鎖體系。臺灣生鮮農產品，要打入香港超市通路，首先遇到的問題就是「產品定位」。

臺灣生鮮蔬果的最大尷尬之處，就在於「價格賣得比別人貴，但品質不見得比別人好」，特別在香港這個國際化城市，世界各國的農產品都往這邊送的情況下，加上每年秋季還舉辦盛大的香港水果展，香港市民不僅嘴刁，對於精打細算的港府居民而言，每一分錢都要花在刀口上。水果不好吃，便宜也沒用；水果貴又不好吃，更不可能賣得出去！

臺灣水果「非外銷生產導向」無戰略性思考

地處亞熱帶的臺灣，雖有從屏東的熱帶水果到臺中梨山的寒帶水果，但比起東南亞的廉價，我們的水果出口價格是天價；比起寒帶水果的品質，甚至連亞熱帶水果，我們更不用和日本競爭。

不是我們的農民不爭氣，而是我們很多水果不是「適合外銷品種」，也不是「專業外銷生產專區」所供應。這是從香港經驗中立刻可以得出的一大先天考驗，就是「適合出口的『戰略性』生鮮農產品」在哪裡的大哉問!?

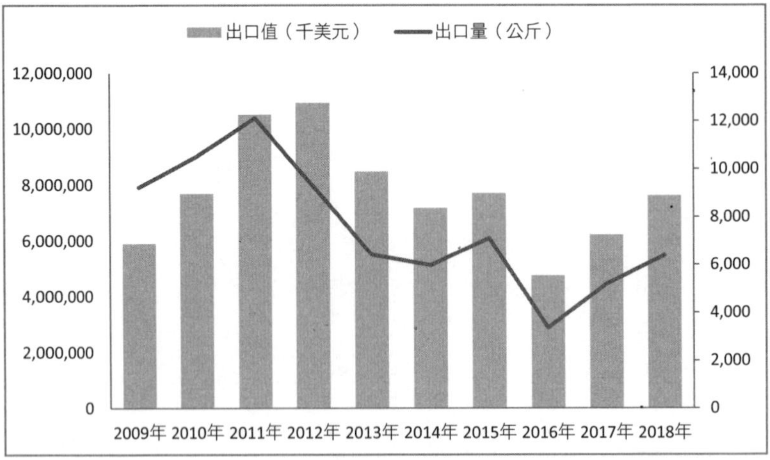

▲ 圖表二十一：近十年臺灣出口香港鮮果類產品統計表

資料來源：財政部關務署統計資料庫查詢系統。

銷到香港市場，需面對國際競爭

香港市場很現實，你要面對的是來自國際的競爭，而不只是和自己去比較而已。我們可以自豪自己的水果王國，也可以訴說上個世紀香蕉、鳳梨、蘆筍幫臺灣賺了多少的外匯，但畢竟這些都是過去式。面對香港這樣一個開放性的自由競爭市場，「唯資本論」只要能讓通路商、進口商賺錢的，就是好水果、好商品。

我們一直自誇我們的葡萄有多好吃，但很抱歉，葡萄出口到了香港，賺不了錢；我們的有機蔬果臺灣賣到嚇嚇叫，但不好意思，香港市場接受不了這麼高單價的產品。

要幫買方賺到錢，自己才能賺到錢

在禁止日本農產品出口的那幾年，臺灣生鮮蔬果確實在香港超市通路上有過好風光：蓮霧、紅心芭樂、蜜棗、紅肉西瓜、地瓜、苦瓜、網紋哈密瓜、葡萄柚、葡萄、釋迦、甜柿、高苣、高麗菜、有機雞蛋，幾乎想像得到的生鮮農產品，香港貿易商都因為「日本貨短缺」

而轉單到臺灣來。但很快的，臺灣出口商開始削價競爭搶單，加上陸陸續續日本農產品出口禁令解除，臺灣生鮮蔬果也就如潮水般，退回到原點。

如今，「貨出去、人進來，發大財」這樣民粹式的口號喊得震天價響，但仔細想想，要賺別人的錢之前，是否要先讓別人也能賺到錢？特別是貿易往來這等事，豈有賺都我來賺、賠都你在賠的道理？從香港市場的實例可以得知，「幫買方找到一個可以賺錢的模式／商品」才是資本主義運作的根本邏輯。如何「練好自己的底子」去國際市場競爭，不僅是生意成敗的王道，也是農業／農產品能否走出去的巧門之所在。

結語

新農業的挑戰

「檢討蔡政府這三年農業施政」是本書很重要的自我期許與使命。從一開始對糧食主權的高度探討開始，一路從自由化、全球化、氣候變遷，到產銷失衡問題、農業政策、食品安全、農業科技等不同範疇與角度為文，嘗試建構一幅新農業的全貌。

現代農業與傳統農業之間最大的差異在於，已不只是探討人民基本溫飽的問題，而是要向產業上下游及跨領域學科進行「系統性整合」，包括農林漁牧的種源保護與育種、農地灌溉與水資源利用、田間及採收管理、運銷與冷鏈物流、電商平臺，到農村現代化建設、農村創生等，唯有跳脫傳統思維與技術層面的老調，因應時代的變動，特別是「全球化與氣候變遷」這個影響人類甚鉅的課題，形成對現代農業挑戰與創新機會，也是本書所要建立的核心價值與思考方向。

臺灣農業在全球化浪潮的襲捲之下，一如溫水煮青蛙般地，因為缺乏全民的集體意識逐漸走向巨大的挑戰而不自知。小農體系的臺灣農業生產模式，如何藉由農業科技的導入，特別在農業與其他領域之間的「介面整合」，一直存在著巨大的隔閡。搞農業的不懂科技、搞科技的不懂農業，這樣的落差仍必須要加快彌合。

在氣候變遷的壓力下，不僅使得農產品生產風險日益驟增，世界各國都對科技農業腳步加大邁出步伐的同時，臺灣自不能落後於農業大國之後。這一點，又回到全球化對小農體制國家的衝擊，如何避免掉入這樣的「迴圈陷阱」，是農政主管機關必須要高度警惕的地方。

中美貿易衝突方興未艾，臺灣不僅地理位置上飽受中國的競合壓力，如何透過區域政治的重整過程，給自身帶來更多機會，藉由穩定的出口解決部分國內供需不確定性的結構性問題，仍有一大段的努力空間。鄰國日本、韓國都已有成功模式，也就是透過「美食國力輸出」來帶動農產品的出口誘因與力道，這一點在臺灣仍欠缺一個跨部會的整合平臺力量，單靠農政部門一己之力，很難達事半功倍之效。

最為敏感的「農產品價格」議題，每逢選舉就浮上媒體版面焦點，但多數消費者卻很難體會「農產品的價格剛性」特性，在小農體制下的臺灣產銷結構，要如何避免農產品價格經常性地出現「短期性價格驟升與劇降」，原本就不是件易事，維持農民基本收益是每一任政府的重大要務，輕忽不得。也因此外界高度關注臺北農產運銷股份有限公司的「經營權之爭」的同時，更應該理解農產品運銷體系背後龐雜的結構性因素問題，方能看清其爭議所在。

為了確保小農體制的農業產業得以永續發展，就國外經驗來看，從體制上的變革將小農引導轉型為「合作社化」、「農企業化」，最後「資本公司化」，藉由市場資本的引進，稀釋價格波動連動的經營風險。走向資本集中的模式，在國內有不少人士鼓吹，但這確是一個兩難；亦或說，這是一個對農業發展路線的辯論。就這一點，國內也同樣缺乏型塑如此理性討論的氛圍，實屬可惜！

農業路線的理性辯證

農業的不同生產作物，有不同的生產模式，目前花卉產業大致上朝向大型化、專業化、資本公司化方向。毛豆與結球萵苣鎖定日本「契作生產」的外銷模式，非專業農民、非大面積生產（以合作化模式形成大面積耕作），無以為之。

	大農	小農
專業農民	高度資本密集生產模式 大型農場、牧場	返鄉青農 小地主大佃農
兼業農民	非農業領域跨足農業生產	高齡稻農為主

其他農產品的生產，除了少數大型資本介入的「規模化設施栽培」（以新品種番茄為主）已經走向轉型第三階段的「資本公司化」之外，多數本土農業生產模式仍停留在第一階段的個別農戶或產銷班（準合作社化生產模式），或是轉向第二階段的農企業化。從產業長遠發展角度，至少藉由法令修正讓農民生產組織全面性「合作社化」必須成為基本要素，方能後續談論農業資本化對農產業產所可能帶來的衝擊。

回到本書初始討論的糧食主權，這是一個國家安全維持的嚴肅課題，政府主推「大糧倉計畫」，無非就是在降低稻米庫存風險的前提下，提升國產雜糧生產面積，降低對國外進口之依賴。只是現階段國產雜糧的價格仍居高不下，進口雜糧雖多數為畜牧產業飼料原料所用，但進入加工食品供應鏈也是不爭的事實。特別是黃豆、玉米和小麥，在臺灣的重要性幾乎已與稻米等量齊觀。強調國產原物料的雜糧加工品，最常見就是各類以大豆為原物料的製品，包括豆漿、醬油、豆腐及各類豆製品，已經有愈來愈多的小型友善店家，加入使用國產原物料的行列，創造新的市場機會與食品大廠進行區隔。

在對抗農業大國的強勢輸入、中國不斷以政治性手段介入臺灣農產品出口的當下，整個社會仍須回到思考農業問題的原點：那就是如何幫助農民獲取「利潤最大化」，也就是政府如何建構一個「讓農民獲益得以整體提升的『產業環境』」。這一部分，也是小農（專業農民）所樂見的，他們對於一再的補助未必買單，因為過多的補助只是降低了農業生產的競爭力，非長遠之計。但政治現實往往反其道而行，民意代表的選民服務壓力，讓農政單位最終以補貼手段便宜行事，成為官僚體系最容易達成施政目標的廉價手段。

優質的農業產業環境

面對國際競爭壓力以及國內消費市場的變動性，政府有必要協助建構農產品在市場銷售端的差異性與多樣化，讓返鄉專業青農有一個「公平競爭環境」與「適者生存的遊戲規則」。這是市場競爭的必然性，也印證農業不必然要走向悲情主義，向其他進步性、創新性的產業看齊，才是農業永續發展的正確道路。

當然就不再贅言農業生產技術與設施的精進，不應再「自我滿足」，這一點對專業返鄉青農更顯重要，政府在這一方面可以做的更多，簡言之就是「農業基礎架構（infra-structure）」的有計畫、有系統的建置，必須有更高層級的視野，方能抓對方向。基礎架構的完成，對於農業整體的進步性，才能從點狀擴散成為整個面向的成長，也自然地讓兼業農退場、不當補助機制退場、無效率生產退場……，如此才能真正達成整個農業的世代交替。

為了農業的永續發展，本書最末仍要為《農業基本法》的催生，再次大聲疾呼！為了新農業的開展，必須加速立法進程與修正過時法令，更是農政部門與立法部門的重大工程。像是《有機農業促進法》的重新評析（以食材之公共採購、委外經營採購，創造穩定增長之需求，以扶植、發展有機農業。鼓勵青農合作化生產（統一經營）有機農產品。訂定有機農產品佔國內生產總量之比例下限，及達成之期限），更是扭轉臺灣農業結構與農村樣態的鎖鑰。

農業是百年大計，更是國之根本。農業不僅僅是農民生產之事務，更是國計民生的首要。臺灣農業已經走到關鍵的十字路口，新農業能否繼續以改革之姿走下去，不被保守勢力反撲，成敗只看主事者的決心而已；唯有朝向新農業的道路勇敢大步前進，臺灣農業才能走出不一樣的產業發展模式，也才是臺灣農民之福。